校企合作双元开发新形态信息化教材
高等职业教育交通运输类技能型人才培养实用教材

飞机维修技能竞赛指导

（活页式）

主　编　◎　蒋艳红　　孔德贵　　苗姗姗
副主编　◎　方小雅　　朱　莎

西南交通大学出版社
·成　都·

图书在版编目（CIP）数据

飞机维修技能竞赛指导：活页式 / 蒋艳红，孔德贵，苗姗姗主编. —成都：西南交通大学出版社，2023.9

校企合作双元开发新形态信息化教材　高等职业教育交通运输类技能型人才培养实用教材

ISBN 978-7-5643-9509-4

Ⅰ. ①飞… Ⅱ. ①蒋… ②孔… ③苗… Ⅲ. ①飞机–维修–高等职业教育–教材 Ⅳ. ①V267

中国国家版本馆 CIP 数据核字（2023）第 189014 号

校企合作双元开发新形态信息化教材
高等职业教育交通运输类技能型人才培养实用教材

Feiji Weixiu Jineng Jingsai Zhidao (Huoye Shi)

飞机维修技能竞赛指导（活页式）

主编／蒋艳红　孔德贵　苗姗姗　　　责任编辑／穆　丰
　　　　　　　　　　　　　　　　　　封面设计／何东琳设计工作室

西南交通大学出版社出版发行
（四川省成都市金牛区二环路北一段 111 号西南交通大学创新大厦21楼　610031）
营销部电话：028-87600564　　　　028-87600533
网址：http://www.xnjdcbs.com
印刷：四川玖艺呈现印刷有限公司

成品尺寸　185 mm×260 mm
印张　13.5　　字数　329 千
版次　2023 年 9 月第 1 版　　印次　2023 年 9 月第 1 次

书号　ISBN 978-7-5643-9509-4
定价　45.00 元

课件咨询电话：028-81435775
图书如有印装质量问题　本社负责退换
版权所有　盗版必究　举报电话：028-87600562

前言
PREFACE

党的二十大报告指出："教育、科技、人才是全面建设社会主义现代化国家的基础性、战略性支撑。必须坚持科技是第一生产力、人才是第一资源、创新是第一动力，深入实施科教兴国战略、人才强国战略、创新驱动发展战略，开辟发展新领域新赛道，不断塑造发展新动能新优势。"这是我们党将教育、科技、人才一体统筹、一体谋划，明确了教育、科技、人才在新时代的科学内涵和使命任务。

2022年10月，中共中央办公厅、国务院办公厅印发了《关于加强新时代高技能人才队伍建设的意见》，明确提出"各级党委和政府要将高技能人才工作纳入本地区经济社会发展、人才队伍建设总体部署和考核范围"。技术工人队伍已经成为支撑中国制造、中国创造的重要基础，对推动经济高质量发展具有重要作用。近年来，中国工业自动化高速发展，对高技能工人的需求旺盛，技能人才特别是高技能人才已成为中国式现代化建设的刚性需求。

飞机维修技能竞赛是作为检验飞机维修技能人才水平的重要平台。当前，随着世界技能大赛飞机维修项目所发挥的引领作用，全国范围内各类技能比赛如雨后春笋般涌现出来，但由于飞机维修比赛开展时间总体较晚，且相关赛事公开资料少，导致关于飞机维修技能比赛的参考书籍还很少。本书在对标世界技能大赛飞机维修项目的前提下，以世界技能大赛飞机维修项目技术文件为依据，参考CCAR 147部基本技能培训大纲的要求编写而成，涵盖了飞机维修比赛中的大部分基本技能以及参赛者应该具备的基本能力，对于飞机维修技能竞赛的备赛具有一定的指导意义，适用于飞机维修技能竞赛中基本技能的提升。

本书在进行内容编排时，先通过介绍比赛案例的案例题，让读者从感性上了解该比赛模块需要完成的工作是什么，通过对比赛例题的分析，使其更好掌握学习的目标和重难点，然后通过基础知识的学习，让选手具备完成比赛的基本能力，在掌握了基础知识后，再次以案例来讲解实施过程，通过理实结合的方式加深对所学知识的掌握。除此之外，我们还介绍了实训操作中应该注意的安全事项，并提供了额外的案例供读者自主练习。

本书根据比赛项目的需要，遵循"不深入，够用为主"的原则，有针对性地介绍部分基础理论知识，为学生顺利完成训练项目打下理论基础。希望学生通过认真阅读本书，能够初步具备钣金折弯成形、铆接、导线制作、机务维护等基本知识和技能，掌握简单的电气系统原理图、接线图，能够正确使用各种工具和测量、检查设备，能在飞机/直升机或模拟舱内拆卸和安装零部件，能调整操纵控制系统，具备机务检查及故障查找、判断和准确描述的技能。

本书由云南交通运输职业学院蒋艳红、孔德贵、苗姗姗、方小雅、朱莎参与编写，鉴于编者水平有限，书中难免存在不妥和疏漏之处，敬请读者批评指正。

编　者

2023 年 3 月

目录
CONTENT

项目一　世界技能大赛飞机维修项目比赛简介

一、教学目标 ········· 003
二、世界技能大赛飞机维修项目的模块组成 ········· 003
三、飞机维修比赛的能力要求 ········· 003
四、世赛中国大事记 ········· 009

项目二　金属结构修理

一、教学目标 ········· 013
二、案例分析 ········· 013
三、金属结构修理基础知识 ········· 016
四、任务实施 ········· 039
五、金属结构修理安全注意事项 ········· 041
六、技能提升 ········· 042

项目三　飞机电气线路制作与故障排除

一、教学目标 ········· 053
二、案例分析 ········· 053
三、标准线路施工基础知识 ········· 057
四、任务实施 ········· 084
五、电气施工安全注意事项 ········· 091
六、技能提升 ········· 092

项目四　飞机机械拆装和故障排除

一、教学目标 ········· 099

二、案例分析 099
三、机械拆装基本知识 103
四、任务实施 123
五、机械拆装安全注意事项 130
六、技能提升 130

项目五　飞机钢索操纵系统调整

一、教学目标 145
二、飞机操纵系统简介 145
三、飞机钢索操纵系统基础知识 146
四、任务实施 152
五、钢索操纵系统调整安全注意事项 155
六、技能提升 155

项目六　飞机蜂窝板结构修理

一、教学目标 161
二、蜂窝损伤简介 161
三、复合材料基础知识 163
四、任务实施 177
五、蜂窝夹芯修理安全管理 183
六、技能提升 183

项目七　飞机日常检查

一、教学目标 191
二、日常检查类型 191
三、绕机检查基础知识 192
四、任务实施 195
五、机上工作安全注意事项 201
六、技能提升 202

参考文献 209

项目一 世界技能大赛飞机维修项目比赛简介

一、教学目标

【知识目标】

（1）了解世界技能大赛飞机维修项目内容。
（2）了解世界技能大赛飞机维修项目对选手的能力要求。

【技能目标】

（1）能够掌握需要学习的重点知识。
（2）能够在后续的学习中按能力要求提升自己的能力。

【素质目标】

（1）具备精益求精、严谨细致的工匠精神。
（2）具备"严谨、专业、诚信"的维修作风。
（3）具备技能成才和技能报国的信心和使命。

二、世界技能大赛飞机维修项目的模块组成

本项目中应组织学生查阅相关资料并讨论世界技能大赛飞机维修项目的模块组成，以及我国自加入世界技能组织以来，在历届世界技能大赛飞机维修项目中取得的成绩。

世界技能组织对飞机维修项目的定义是指按照标准和程序要求对飞机（直升机）进行检查、维护，发现并排除故障，消除隐患，完成部件安装及修复，从而使飞机（直升机）达到安全服役状态的竞赛项目。世界技能大赛飞机维修项目，包括钣金铆接、电子线路制作、发动机孔探检查、拆卸和安装、操纵调整、机务维护检查及复合材料修理模块。

通过本项目的学习，我们将要掌握从事飞机维修项目需要具备哪些方面的能力，在后续的学习中应该如何抓住重点，并通过平时不断的积累有针对性地提高自己比赛的能力。

三、飞机维修比赛的能力要求

世界技能大赛飞机维修比赛对参赛选手的综合能力要求较高，需要其掌握飞机机体，引擎和螺旋桨，以及包括机械，液动，气动，航空电子等设备相关知识。比赛中对选手的技能要求主要包括：

（1）熟悉飞机/直升机的机身结构以及动力、液压、操纵、电气等系统的原理和组成，具

备钣金成形、铆接、机务维护、复合材料修理、机械和电气结构拆装和排故等基本知识和技能。

（2）掌握简单的飞机结构图、电气系统原理图、技术手册等，能够正确使用各种工具和检测设备，对各种类型的飞机/直升机进行技术故障排除、修理和维护。

（3）具备飞机/直升机故障查找和准确描述、飞机结构修理（有色金属）、复合材料结构检修、外场可更换单元（LRU）机械和电气排故、确认并放飞程序各模块的理论知识和操作技能。

世界技能组织的标准规范（WSSS）规定了飞机维修项目所需的知识、理解力和具体技能，反映了全球范围对于该行业工作的理解。技能竞赛的目的之一是展现世界技能组织标准规范所述的本项技能在世界上的最高水平，或至少在某种程度上能够对此予以展示。因此该标准规范就是飞机维修项目备赛和培训的参照标准，也是我们选手在日常训练过程中应着重提高的能力。参与飞机维修竞赛的选手需要具备的能力及权重如表 1-1 所示。

表 1-1　世赛飞机维修项目选手需具备的能力及权重

序号	选手的能力要求	权重
1	工作的组织管理	5%
1.1	选手需要了解并掌握： 企业维修策略手册（MPM）； ATA 章节或等同内容； 健康和安全法令、义务和文件； 厂家和政府批准的手册和数据； 需使用个人安全防护设备（PPE）的情况，包括安全鞋靴、护目镜和听力防护用品、手套和面罩； 必须使用静电耗散设备防止出现系统损伤的情况； 手动工具、动力工具和机械工具；设备的用途、使用方法、注意事项、维护和储存，以及安全影响； 材料的用途、使用、保护和安全存储； 有关环保材料的使用、废品最小化以及再生材料的可持续性方法； 工作流程、时间管理和费用分析的本质； 研究、计划、检查和注意各操作的详细情况并控制其精确度； 确认所完成的任务可以满足国际适航标准的意义； 有资质的技术人员和工程师作为签发飞机可飞行授权的职责； 作为团队一员按时节约地完成任务的重要性； 团队工作更广泛的重要性； 团队中个体的职责和责任； 团队成员的长处和短处，以及如何最大化利用现有的资源来最好地组织团队	

续表

序号	选手的能力要求	权重
1.2	选手应能够做到： 坚定认真地遵循健康和安全标准、法规和规定； 确定并使用适当的个人防护设备包括安全鞋靴、护目镜和听力防护设备； 安全地选择、使用、清洗、维护和保存各种工具和设备； 对所有材料进行安全的选择、使用和存储； 最有效地规划工作区域； 遵守可保证工作区干净整洁的纪律； 精确测量、定时检查； 始终如一地严格使用最新版本的手册和数据按照满足国际适航要求的程序和流程操作； 理解个人被授权限； 按照有关招募/雇佣技术人员的行业"人为因素"要求工作； 在面临压力的情况下，建立并坚定地保证高质量标准和工作流程； 在团队工作的环境下规划工作流程，尽最大可能在规定时间内安全顺利地完成任务； 在团队工作的环境下组织和执行任务	
2	沟通和人际关系技巧	5%
2.1	选手需要了解和掌握： 建立与客户保持信心的意义； 在一起工作的相关工作人员的职责和要求； 建立并保持富有成效的工作关系的价值； 具有发展行业接受的态度、天资和能力； 在有效团队工作中的人际关系技巧； 快速解决误会和需求冲突的重要性； 人为因素	
2.2	选手应能够做到： 正面地理解客户要求并达成客户的期望； 提出可满足/优于客户要求和预算的建议； 为客户或管理人员提供时间预估； 在团队中扮演正面角色，例如保证安全； 进行研究性讨论，例如为了解决技术问题而进行研究讨论； 经常向同事通知/更新计划中的维护流程并协调讨论时间安排，从而将工作/生产能力方面的冲突降到最低； 对自我工作表现进行有建设性和正面的反馈； 确认是否需要支持机构如物流供应商、工程部门以及厂家技术支持	

续表

序号	选手的能力要求	权重
3	问题的解决、革新和创造	5%
3.1	个体（选手）需要了解并掌握： 工作过程中经常出现的问题种类； 确保所有工作达到国际适航标准； 用诊断性方法解决问题； 按照厂家维护手册和文件的最新版本解决问题的重要性； 行业的发展和趋势，包括新材料、方法和工艺； 在团队中的合作，开发出一条在适航条件下以最经济的方式按时安全地完成任务的方法	
3.2	个体（选手）应做到： 进行定期工作检查，从而保证后期出现的问题最小化； 质疑不正确的信息，防止出现问题； 快速确认并了解问题，使用最新版本的厂家维护手册和文件，根据自我管理流程解决问题； 与飞行员进行故障诊断讨论，从而确定技术问题的根本原因； 坚持解决复杂问题； 找准机会提出改进产品并提高顾客满意度的建议； 把想法提交给管理人员； 开发潜在新技术； 尝试新方法，接受变化； 理解并执行维护流程； 鼓励对自己完成的工作进行自我检查和确认，也可以在团组环境合作，最后达到国际适航标准	
4	飞机初始验收维护检查	12%
4.1	个体（选手）需要了解并掌握： ATA 第 05、12、20、51、60 章以及等同内容； 企业维护策略手册（MPM）； 厂家维护手册、文件，包括适航指令、服务通报等； 维护任务卡； 适航责任；	
4.2	个体（选手）需要能够： 理解并运用相应的维护手册和批准的说明文件，包括对定期验收检查流程进行说明的任务卡； 按照初始检查清单，精确地确定飞机是否能够安全飞行或是否需要进一步检查；	

续表

序号	选手的能力要求	权重
4.2	开闭各种检查口盖； 按照要求运行各系统，确定系统工作是否正常； 精确地完成相应的文件，从而反映出初始验收检查的完成情况； 清楚准确地记录故障，并通知管理人员； 严格按照国际适航标准完成所有任务	
5	飞机结构修理（有色金属）	22%
5.1	个体（选手）需要了解并掌握： ATA 第 51 章以及等同内容； 厂家结构修理手册和等同内容； 工程图纸和文件； 不同种类的金属及其特性； 计算折弯和铆钉长度的公式； 铆钉种类和用途； 精密测量仪器； 结构修理技术； 与其他技术实体（技术支持、公司批准的程序等）进行有效的交流并针对延误时间进行共同工作的意义	
5.2	个体（选手）应做到： 确认修理需求，并获取批准的修理方案； 对于复杂修理，应理解厂家的工程图纸包括但不限于：槽形嵌入件修理、曲折弯管、OGEE 双曲线折弯、冲片、长桁拼接和榫接； 精确计算平面布局尺寸； 复杂截面和槽形件成型，并按照标准操作（AC43-13）要求装配，从而达到修理组件的目的； 高精度地实现钣金折弯，保证转角圆滑过渡，无刻痕； 选择适当的标准件（实心铆钉、抽芯铆钉、高锁铆钉等）； 根据提供的工程图纸布局标准件，精确地确定铆钉长度并安装实心/抽芯铆钉； 对完成的修理工作进行评估，并将故障和修理前后不一致的状态报给技术监控人员； 证明工作是按照适航标准完成的	
6	外场可更换单元（LRU）机械	20%
6.1	选手需要了解并熟悉 ATA 第 10、11、12、20、24、27、29 章及等同内容； 在拆卸飞机部件的过程中对合作的其他机务人员的相互影响； 拆除某个特定部件对飞机系统产生的影响和后果； 拆除、检验和安装部件的正确操作规程	

续表

序号	选手的能力要求	权重
6.2	选手应能够： 理解工程图纸并按照维护手册操作规程和最新"修定文件"进行工作； 确保飞机可以安全工作； 按照要求拆除口盖并安全地放置在货架上； 拆除系统压力软管，应确保系统压力排除； 确保各附件、螺栓和螺母都配套保存以防重新装配的时候装错了开口销孔； 拆除保险丝、开口销、螺母和垫圈，注意是否有引起其他物体松动； 重新安装飞机组件，保证其正确的安装方向； 重新连接断开的系统导管，恢复系统压力，并通知合作的机务人员注意； 进行功能性测试	
7	外场可更换单元（LRU）电气	20%
7.1	个体（选手）需要了解并熟悉： ATA 第 22、23、24、31、34、45、46 章及等同内容； 排故过程中涉及多个系统时，与团队其他工作人员交流的重要性； 通电排故过程中的电气安全知识； 在测试过程中安全使用测试设备； 静电释放（ESD）对敏感部件的影响，以及如何减小或消除潜在损伤； 计算机硬件软件与飞机系统之间相互作用产生的影响； 对 LRU 部件拆卸、检查、安装和测试的正确流程； 根据企业维护政策手册 MPM 进行零件/部件领取流程； 更换部件时费用、时间和材料的经济影响； 机务人员报告故障的重要性； 适用于 LRU 电气部件的通用排故技术	
7.2	个体（选手）应做到： 理解有关机械方面的程序、硬件和软件部件的流程图表和维护手册的流程； 准确地使用"机上"飞机系统，其特点就是分析和诊断飞机故障（二进制读数、LED、字母-数字显示、故障代码）； 按照厂家操作规程重新装配飞机部件； 使用电子测试设备进行排故（如数字多用表）； 使用机内检查设备（BITE）确定适航状态； 通过系统分析确定故障附件； 根据费用、时间和材料评估故障的经济性； 通过更换主要 LRU 和电子元件（继电器、开关、断路器、接头等）完成大部分飞机系统的修理； 根据费用、时间和材料经济地修理飞机系统； 形成工作计划，包括排故程序、修理建议和辅助操作检查，并且提交技术监控人员进行确认； 通过飞机上的其他系统协调计算机硬件和软件之间相互作用的影响	

续表

序号	选手的能力要求	权重
8	确认并放飞程序	11%
8.1	个体（选手）需要了解并掌握： ATA 第 05、10、11、12、24、27 章及等同内容； 准确记录完工报告的作用； 完成定期检查对飞机系统的影响和作用； "飞机修理后可飞行"包括最少设备清单（MEL）的正确流程； 下列认证声明的意义： "上述维护是按照相应的适航标准进行的"； "飞机已经按照设计状态装配，达到安全可飞状态"； 故障延期对飞机出勤的影响； 尽量使用飞机最少设备清单（MEL）或等同内容进行飞机调度； 按照厂家操作规程确定修理和更改对飞机"净重和平衡报告"计算的影响； 按照飞机厂家维护文件，包括任务卡管理文件； 确认技术人员/工程师可以放飞的责任； 如何确定飞机重量和平衡报告的版本是所需的版本，如有需要如何进行此项工作	
8.2	个体（选手）应做到： 评估工作指令包并形成飞机认证计划； 根据最新版本维护手册上的操作规程理解故障和排故报告，包括任务卡； 确保飞机已经按照设计状态装配达到可飞状态，并确定所有的重要维护都达到适航状态； 将工作指令包中完成的影响飞机当前状态的工作填入飞行履历本（包括维护概述和维护放飞）； 准备验收报告，供今后的机务人员查阅	
合计		100%

四、世赛中国大事记

世界技能组织成立于 1950 年，其前身是"国际职业技能训练组织"（IVTO），由西班牙和葡萄牙两国发起，后更名为"世界技能组织"（World Skills International）。其注册地为荷兰，截至 2022 年 9 月共有 85 个国家和地区成员。其宗旨是通过成员之间的交流合作，促进青年人和培训师职业技能水平的提升；通过举办世界技能大赛，在世界范围内宣传技能对经济社会发展的贡献，鼓励青年投身技能事业。该组织的主要活动为每年召开一次全体大会，每两年举办一次世界技能大赛。世界技能组织会徽如图 1-1 所示。

图 1-1　世界技能组织会徽

2010年10月7日，中国正式加入世界技能组织。构建同业技术交流国际平台，有利于学习借鉴世界各国促进技能培训和开展技能竞赛的经验，中国选手在历届世界技能大赛取得的成绩如下：

2009年，第40届加拿大卡尔加里，派出观察团；

2011年，第41届英国伦敦，参加6个项目，获得1银5优胜，未参加飞机维修项目；

2013年，第42届德国莱比锡，参加22个项目，获得1银3铜3优胜，参加飞机维修项目未获奖；

2015年，第43届巴西圣保罗，参加29个项目，获得5金6银4铜11优胜，参加飞机维修项目获优胜奖；

2017年，第44届阿联酋阿布扎比，参加48个项目，获得15枚金牌、7枚银牌、8枚铜牌和12个优胜奖，金牌数、奖牌数和团体总分第一，参加飞机维修项目获优胜奖；

2019年，第45届世赛中国代表团派出63名选手，参加全部56个项目的比赛。本次共获得了16枚金牌、14枚银牌、5枚铜牌和17个优胜奖，再次荣登金牌榜、奖牌榜、团体总分第一。也是我国参加世赛以来，参赛人员规模最大、参赛项目最全的一次。参加飞机维修项目荣获银牌。

2022年世界技能大赛特别赛，中国代表团在参加的34个项目上共获得21枚金牌、3枚银牌、4枚铜牌和5个优胜奖，在金牌榜上名列第一，同时金牌数超越第45届世界技能大赛参加全部56个项目取得的历史最好成绩，金牌获奖率高达62%，参赛项目奖牌率高达97%，实现了新的突破。飞机维修项目中国队未参赛。

从上面的数据我们可以看出，我国自2011年首次参赛以来，连续3届获得金牌榜和团体总分第一名，成功迈入世界技能竞技第一方阵。当前，全球制造业正在经历深刻变革，中国正加快由"制造大国"向"制造强国"转变，对技术工人、高技能人才的需求极为迫切。在制造业领域，也涌现出了很多青年技能人才，他们在平凡岗位上，怀揣匠心，埋头钻研，练就了一身本领甚至独门绝技，成为支撑中国制造、中国创造的重要力量。广大青年要弘扬精益求精的工匠精神，在自己平凡的岗位上苦练技能，用更好的技术来保证更高的品质。

项目二　金属结构修理

一、教学目标

【知识目标】

（1）了解金属结构修理模块的具体内容。
（2）了解金属结构修理需要具备的能力。
（3）了解如何根据现有的案例进行新知识学习。

【技能目标】

（1）能够正确理解给定的文件和图纸。
（2）能独立完成钣金件展开计算、折弯纹理布置。
（3）能够安全规范地使用设备、工具与量具。
（4）具备独立制件加工与装配技术的能力、结构排故和修理的能力。

【素质目标】

（1）培养良好的工作作风，严格遵守"工具三清点"。树立规范施工应该具备的安全意识。
（2）培养安全意识，做到不伤害自己、不伤害他人、不被他人伤害。

二、案例分析

我们先看一个飞机维修比赛中出现过的金属结构修理模块的案例，该案例中给出了比赛中需要用到的图纸及对应的评分标准。

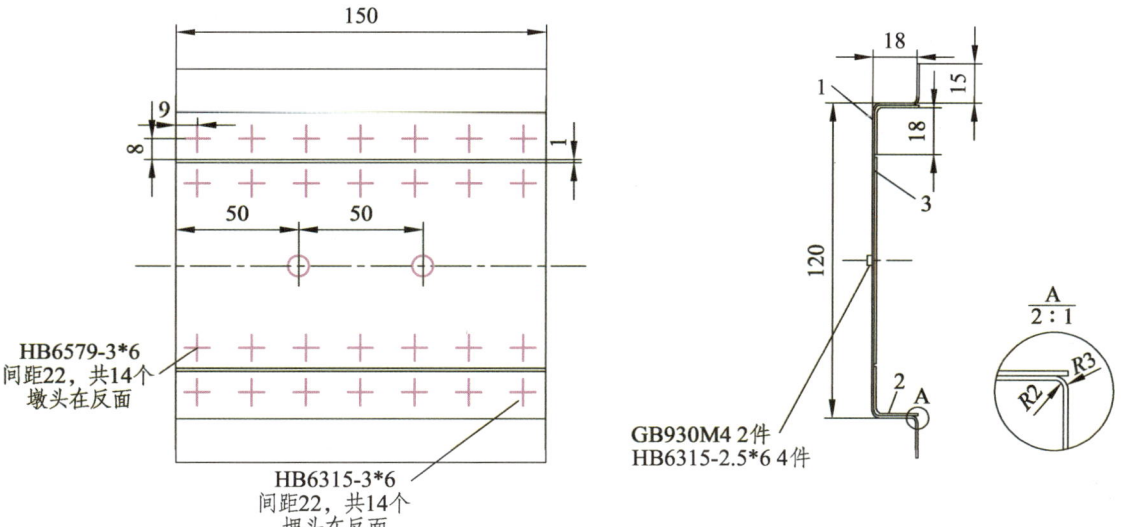

图 2-1　钣铆组合件装配图

请各位同学根据图 2-1 所示的要求，利用钣金加工相关知识加以分析，要完成该工件的制作，需要具备哪些方面的能力？可能用到的工具有哪些？加工工序又该如何安排？图中所示的组合件所用的铝板型号为 LY12CZ-t1.0。

该组合件完成质量的高低，需要通过具体可测量的参数加以评判，其对应的评分标准如表 2-1 所示，在我们完成上述工件的制作之后，就可以按照评分标准加以打分，这也是目前结构修理中比较通用的评分表类型。

表 2-1 钣铆组合件评分标准

序号	考核项目 项目	容差	工具/量具	分值	评分标准
1	底板所有钣弯半径 $R3$，内 $R2$	±0.6 mm	R 规	5	每超差 1 处扣 0.5 分
2	底板外形尺寸 150 mm	±0.5 mm	卡尺	3	每超出 0.5 mm 容差扣除 0.5，超出±2 mm 得 0 分
3	底板外形尺寸 120 mm	±0.5 mm	卡尺	3	每超出 0.5 mm 容差扣除 0.5，超出±2 mm 得 0 分
4	底板外形尺寸 18 mm	±0.5 mm	卡尺	3	每超出 0.5 mm 容差扣除 0.5，超出±2 mm 得 0 分
5	底板外形尺寸 15 mm	±0.5 mm	卡尺	3	每超出 0.5 mm 容差扣除 0.5，超出±2 mm 得 0 分
6	加强板外形尺寸 80 mm	±0.5 mm	卡尺	3	每超出 0.5 mm 容差扣除 0.5，超出±2 mm 得 0 分
7	角材外形尺寸 18 mm	±0.5 mm	卡尺	3	每超出 0.25 mm 容差扣除 0.5
8	纹路方向	按标准要求	目视	1	纹路与折弯边不垂直不得分
9	钣弯件弯边角度	±0.5°	角度尺	3	每超出 0.5°扣 0.5 分
10	零件去毛刺，尖角倒圆角 $R3$	±0.5 mm	目视	2	每处 0.25 分
11	所有边缘光滑无磕伤		目视	2	每磕伤 1 处扣 0.5 分
12	折弯 R 区有无裂纹，橘皮		目视	2	每处 0.25 分
13	铆钉边距 9 mm	±0.5 mm	卡尺	4	共 5 处，每处 1 分，每超出 0.5 mm 扣 0.5 分，每处 1 分扣完为止
14	铆钉端距 8 mm	±0.5 mm	卡尺	4	共 8 处，每处 0.5 分
15	铆钉间距 22 mm	±1 mm	卡尺	4	共 4 处，每处 1 分，每超出 1 mm 扣 0.5 分，每处 1 分扣完为止
16	托板螺母与孔位是否同心	±1 mm	卡尺	3	共 2 处，每处 1 分，不同心扣 0.5 分，每处 1 分扣完为止
17	托板螺母铆钉排布位置直线度	±0.5 mm	卡尺	2	共 2 处，每处 1 分，每超出 0.5 mm 扣 0.5 分，每处 1 分扣完为止

续表

序号	考核项目 项目	考核项目 容差	工具/量具	分值	评分标准
18	零件对缝间隙1 mm	±0.5 mm	卡尺	3	共2处，每处1分，每超出0.2 mm扣0.5分，每处1分扣完为止
19	工件表面变形量（平面度）	0.5 mm	卡尺	3	每超出0.5 mm扣0.5分
20	工件间局部间隙	0.15 mm	塞尺	3	每超出0.15 mm扣0.5分
21	钉头方向		目测	30	32个铆钉，每个铆钉1分，出现一种缺陷扣0.5分，每个铆钉铆接指令缺陷累计扣分不超过1分
22	沉头铆钉钉头凸出表面0.1 mm，不允许凹陷	0+0.1 mm	卡尺		
23	铆钉钉头的变形和机械损伤		目测		
24	铆钉墩头直径	4.2~4.8 mm	卡尺		
25	铆钉墩头高度	$h_{\min}$=1.2 mm	卡尺		
26	铆钉墩头直径	3.5~4 mm	卡尺		
27	铆钉墩头高度	$h_{\min}$=1 mm	卡尺		
28	铆钉头单向间隙	0.05 mm	塞尺		
29	工件表面不允许有压伤、划伤		目视	4	只要有压伤或划伤不得分
30	工件之间不能有多余夹杂物		目视	2	工件之间不能有多余夹杂物，此项不得分
31	安全文明生产		目视	5	（1）未正确佩戴安全防护眼镜扣1分；（2）正确佩戴耳塞扣1分；（3）不得损伤工具，每出现1件扣除1分，最多扣5分；（4）场地未清理，此项不得分

通过对上面案例的分析，结合图纸和评分表，我们可以看到，要完成一个钣铆组合件的制作，我们需要掌握以下知识：

（1）理解图纸。

（2）钣金件成形、装配铆接。

（3）按照图纸，进行折弯区与展开长度计算，并进行布局、下料。

（4）按图纸制作修配零件角度、尺寸及形状，修配出的二维尺寸参数、角度、零件对缝间隙须满足图纸规定。

（5）按图纸确定紧固件位置并制孔，铆钉边距、铆钉间距、制孔质量须满足图纸规定。

（6）安装实心铆钉，铆钉头变形与机械损伤、铆钉头单向间隙、铆钉墩头高度、铆钉墩头直径、铆接质量须满足图纸规定。

（7）工件表面精整，工件表面机械损伤、工件表面变形量（平面度）须满足图纸规定。

（8）遵守安全文明生产规定，不得损伤工件、工具。

下面将对这些需要掌握的知识和注意事项逐一进行讲解，在学习完成后，我们便可以独立地进行钣铆组合件的加工。

三、金属结构修理基础知识

飞机结构修理、钣金加工要求选手依据技术文件，按照各项技术要求和考核点，规范地在指定工作位和加工制造设备上完成钣金组件的加工和装配。虽然钣金成型的精度相较于机加工来说较低，但对于飞机外场简易修理或者紧急修理，其仍然是经常使用的方式。图 2-2 所示的工作台为实训室中常用的钣铆实训平台，在实训室建设初期，我们可以参考如下的标准加以采购，这样的配置基本能满足钣金加工的需求。

图 2-2　钣铆实训平台

（一）钣金加工基础知识

1. 钣金成型加工的定义

使金属板料产生塑性变形而获得所需形状的方法，称为钣金成型加工。钣金成型是通过塑性变形获得的，所以用于成型加工的材料必须具有良好的塑性变形能力，飞机维修中主要采用的成型种类有：折边（弯曲）、延展和收缩、挤压、模压、拉伸、冲压等。成型的方法包括手工成型和机械成型。

飞机结构上使用冷加工成型的材料，包括铝合金、不锈钢、钛合金，主要以铝合金为主，大部分铝合金不需要退火即可成形，但如果是非常特殊的成形，操作要求深度拉伸或复杂的曲面时，应在退火状态下成型，2024-O 退火铝合金用一般方法几乎可以成形为任何形状，但成型后一定要进行热处理。

2. 钣金加工中的术语

宽边：弯曲成型后的较长边，见图 2-3 中 M.L.D.2。

弯边：弯曲成型后的较短边，见图 2-3 中 M.L.D.1。

型线：宽边和弯边外表面的延长线，见图 2-3 中 X，交点成为型线交点。

弯曲切线：平面部分和弯曲部分的交线。

各名词在图中的具体位置，可参考图 2-3 和图 2-4 所示。

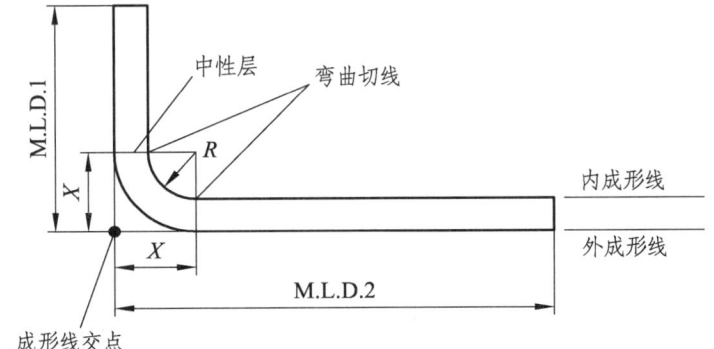

图 2-3　钣金弯曲参数图解

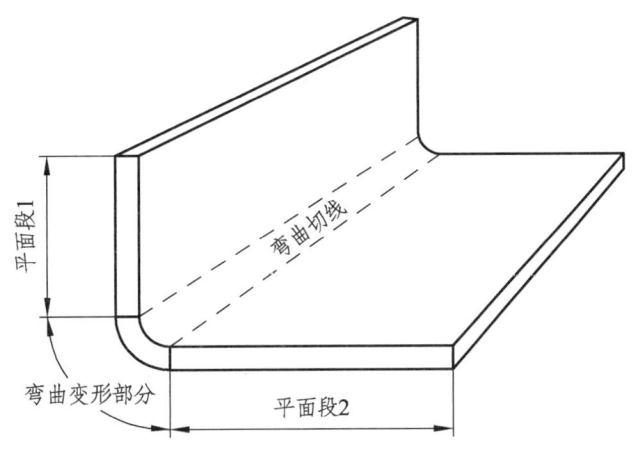

图 2-4　弯曲切线示意图

最小弯曲半径：弯曲材料不会产生撕裂破坏的弯曲半径。

中性面：弯曲金属板材时，在板的内侧曲面产生压缩力而在外侧曲面产生拉伸力，在内曲面和外曲面之间的某一曲面处，既没有压缩力也没有拉伸力，该面称为中性面。

弯曲加工量：成型零件弯曲部分弯曲加工所需材料的长度，即为弯曲中性面的长度，参考图 2-5 所示位置。

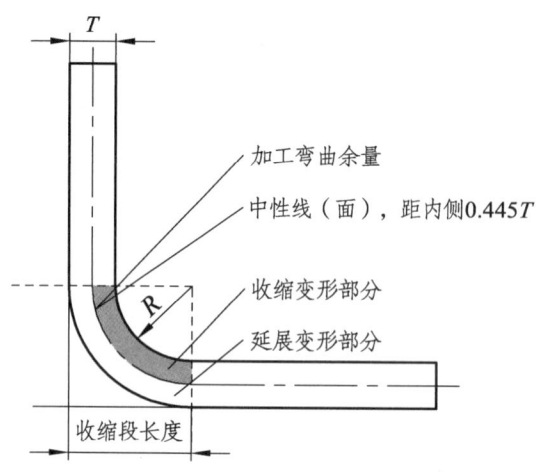

图 2-5　板材弯曲时的中性面

准线：准线成形金属板上画出的标记，此线与成形机的圆角镶条头部对齐作为弯曲工作的指示。在弯曲之前一定要确定材料的哪一端可以很方便地插入弯扳机，然后从插入端的弯曲切线测量等于弯曲半径的长度，即为准线，如图 2-6 所示。

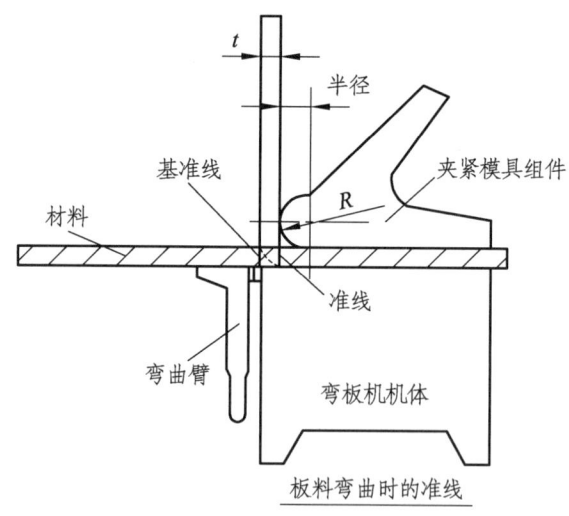

图 2-6　板材弯曲时的准线

3. 弯曲件展开料长度的计算

1）弯曲加工量

弯曲金属板件时，要计算弯曲加工量。弯曲加工量是弯曲加工板材的长度，取决于以下四个因素：弯曲角度、弯曲半径、板材的厚度和金属的种类；

弯曲金属板材时，如果从曲面内侧测量，则中性面位于 44.5% 板厚（T）处，为计算方便，一般可认为中性面位于 50% 板厚处，各个尺寸之间的位置关系如图 2-7 所示。

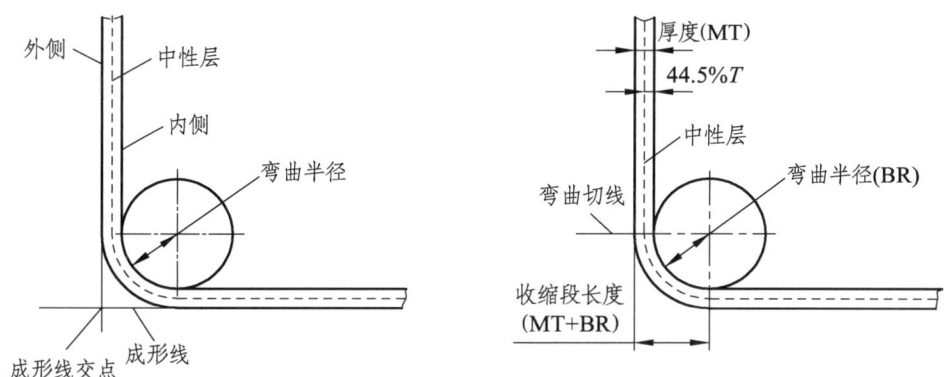

图 2-7 板材弯曲时的中性面

（1）90°弯曲的弯曲加工量。

弯曲半径 R 加上板材厚度的一半（$T/2$），近似等于中性面的曲率半径，用中性面曲率半径乘以 2π，即可计算出中性面圆的周长，因为 90°弯曲是圆周的 1/4，用周长除以 4 就可以得到 90°弯曲的弯曲加工量为

$$\frac{\pi\left(R+\frac{T}{2}\right)}{2}$$

【例题 2-1】若板材半径为 1/4 in（1 in≈2.54 cm），厚度为 0.051 in，求 90°弯曲的弯曲加工量。

$$90°弯曲的弯曲加工量 = \frac{3.1416\times\left(0.250+\frac{1}{2}\times 0.051\right)}{2} = \frac{3.1416\times(0.250+0.2555)}{2}$$

$$= \frac{3.1416\times 0.27555}{2} = 0.4328 \text{ in}$$

以上计算结果稍有误差，这是因为中性面并不是精确地位于被弯曲薄板的中心线。由于所用的材料很薄，对于大多数加工来说，公式是符合要求的。

（2）非 90°弯曲的弯曲加工量。

当金属板材的弯曲角度不是 90°或者尺寸有严格要求时，必须进行精确计算，对于 1°～180°任何角度的弯曲，使用下列公式可以获得精确的结果：

$$弯曲加工量=(0.01743\times R+0.0078\times T)\times A$$

式中　A——弯曲角度；
　　　R——弯曲半径，in；
　　　T——板材厚度，in。

本公式由 $\frac{A}{360}\times 2\pi\times(R+0.445T)$ 推导计算而出。

2）收缩段

在弯曲一块薄板时，有必要知道弯曲的起点和终点，以便确定平直部分的材料长度。确定这部分长度有两个重要因素：弯曲半径和材料厚度，收缩段长度如图 2-8 所示。

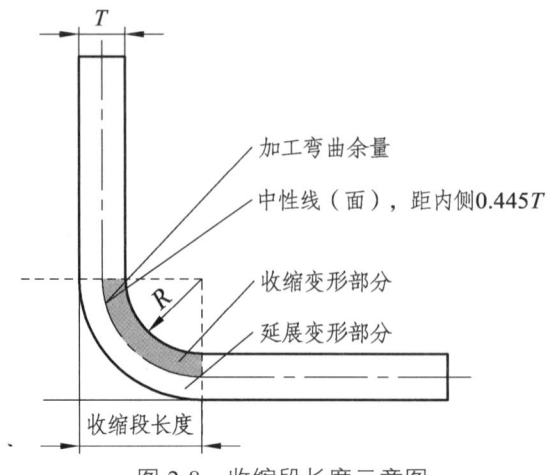

图 2-8 收缩段长度示意图

（1）90°弯曲的收缩段。

计算 90°弯曲的收缩段长度，将弯曲内径加上板材的厚度即可（见图 2-9），即收缩段长度为

$$SB=R+T$$

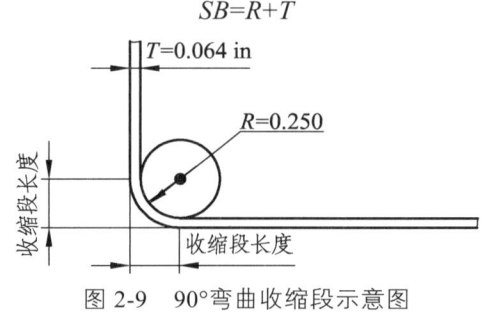

图 2-9 90°弯曲收缩段示意图

（2）非 90°弯曲的收缩段。

计算大于或小于 90°的弯曲角度时的收缩段长度时，参照下式计算（见图 2-10）：

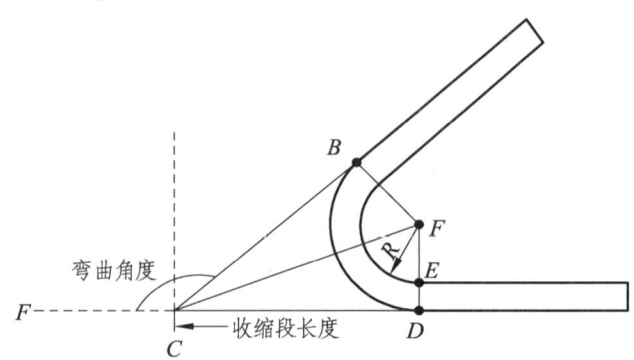

图 2-10 非 90°弯曲收缩段示意图

$$\tan\frac{180-A}{2}=\frac{R+T}{SB}$$

$$SB=\tan\left(\frac{A}{2}\right)(R+T)$$

式中，A 为金属板的弯曲角度。

注：该公式中，需要重点注意的是折弯角度 A 的值，图纸中经常表示的角度为 $180°-A$。

3）制作直线弯曲加工平面图形

如果现有一个零件的图纸（见图 2-11），在做直线弯曲之前需要展开成平面图形，这样既可以留出正确的余量以满足收缩段和弯曲加工量的要求，又可以防止浪费材料，还可以保证成品的精度。下面我们将通过一个简单示例说明如何制作平面图形。

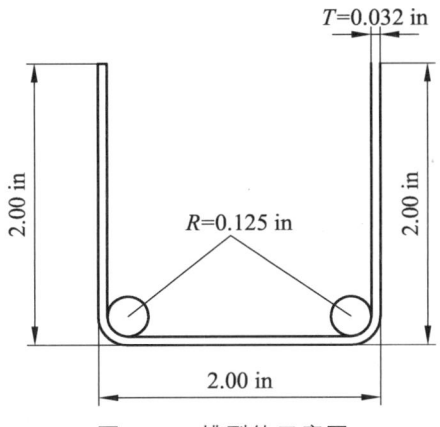

图 2-11　槽型件示意图

图 2-11 展开为图 2-12 所示一个槽形件的平面图形。图 2-11 中，槽的左边高为 2 in，右边高为 2 in，两平面外表面之间距离为 2 in，槽形件的长度为 4 in，材料厚度为 0.032 in，弯曲半径是 0.125 in，弯曲角度为 90°。计算如下：

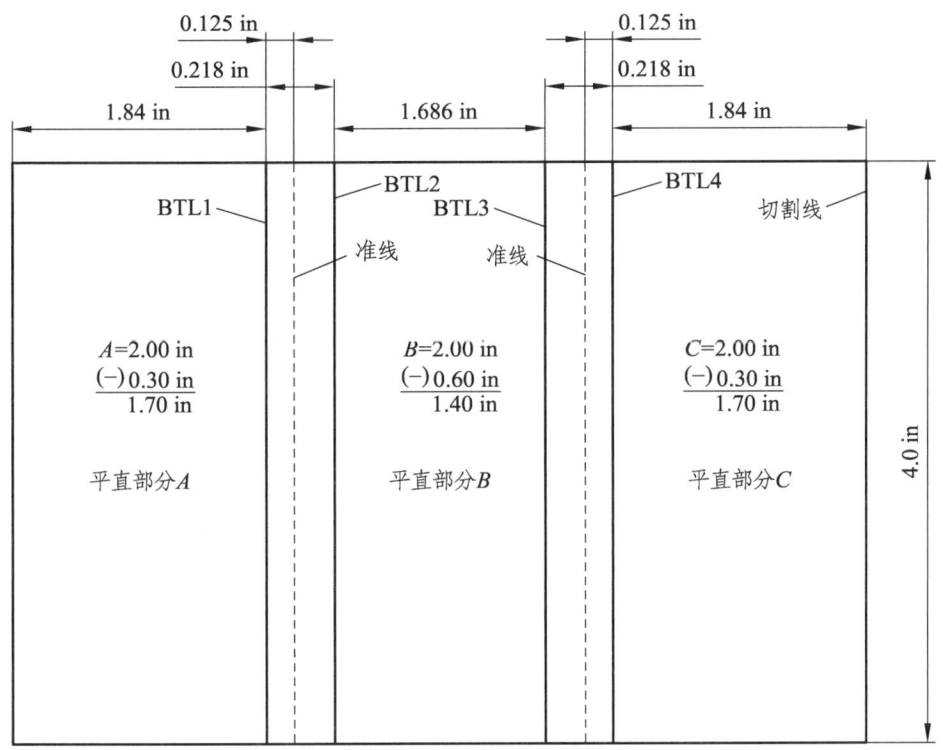

图 2-12　槽型件平面展开图

收缩段长度 $SB=R+T$=0.125+0.032=0.157 in；

平直部分 A=2.000-0.157=1.843 in；

平直部分 B=2.000-(0.157+0.157)=2.000-0.314=1.686 in；

平直部分 C=2.000-0.157=1.843 in；

90°的弯曲加工量=(0.017 43×R+0.007 8×T)×A=(0.017 43×0.125+0.007 8×0.032)×90=0.218 in。

所以，弯制槽形材所需板材长度为 1.843+1.686+1.843+2×0.218=5.808 in。

4）盒形件的成形

现通过一个例子来说明盒形件成形的计算和弯曲。图 2-13 所示为一个 2024-T3 铝合金 90°盒形件，尺寸要求为：四边高均为 1 in，底面边长为 4 in×4 in，板厚为 0.051 in，弯曲半径为 5/32 in。

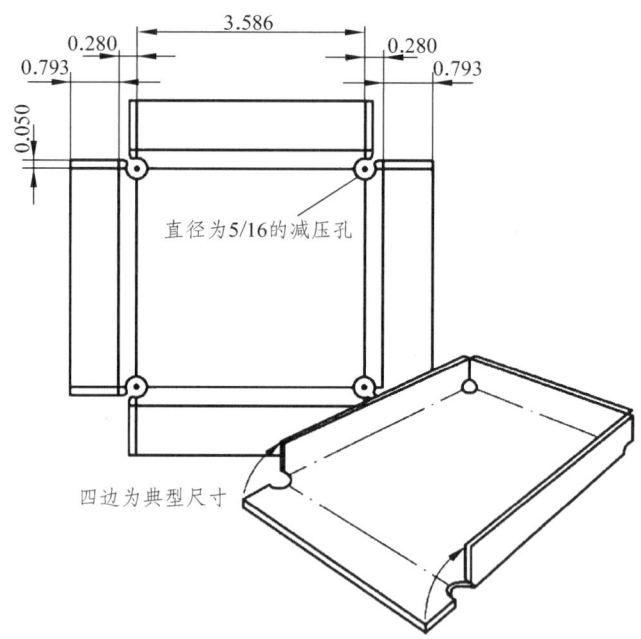

图 2-13　盒形件的计算与弯曲

计算如下：

收缩段长度 $SB=R+T$=0.051+5/32=0.207 in；

四边平直部分的长度=边高-收缩段长度=1.000-0.207=0.793 in；

底面平直部分的长度=底面边长-2 倍收缩段=4-2×0.207=3.586 in；

查表得 90°的弯曲加工量为 0.280 in；

则下料尺寸为 0.793+0.280+3.586+0.280+0.793=5.732 in。

切割一块 5.732 in×5.732 in 的 2024-T3 铝合金，去除所有毛刺，从四边分别测量 0.793 in 并划线（此线为外弯曲切线），注意一定要使用尖的软铅笔，以保证划线准确并不损伤铝合金表面。现在从外弯曲切线向内测量 0.280 in（此数值为弯曲加工量），划出内弯曲切线。在内弯曲切线的 4 个交点处，以弯曲半径 5/32 in 为直径钻减压孔。

从内弯曲切线向外测量板的厚度（0.051 in），划出准线。去除四角准线外的材料，并去除所有毛刺，至此弯曲前的所有工作都完成了。

4. 钣金加工设备

1）剪板机

剪板机由一个固定到床体上静止不动的下刀刃和一个固定到十字头上移动的上刀刃组成，进行剪板切割时，把脚放在踏板上，向下踏，使上刀刃向下运动。图2-14展示的为小型脚踏剪板机实物。

图 2-14 小型脚踏剪板机实物

（1）剪板机使用方法。

剪板机装有一个弹簧，脚离开踏板时，弹簧把刀刃和脚踏脚板提起。剪切时，为了方便尺寸定位，在床体两侧各安装一个与刀刃垂直并刻有尺寸刻度的挡板。

剪板机可以进行三种不同的操作：切直线边、切成方形、多次切到特定的尺寸。

当切直线时，薄板装在剪板机床体上，在刀刃前把切面割线和床体的切割边对齐，当压下夹板使薄板紧紧卡在平面上时，踏脚踏板切割薄板。

剪成方形需要几道工序。首先，薄板的一端和一个边对齐（用一个矩形的挡板做边）；然后把薄板剪直的一端靠在矩形挡板上夹住并进行切割，把余下的各边剪成垂直，一次一个边，直到所有边切成垂直为止。当几块板必须切成同一尺寸时，在剪板机上使用定位装置。支撑标尺标有几分之一英寸的刻度，而定位尺可以放在标尺的任何一点，把定位器装置放在距离剪板机的切割刀刃所需求的距离，并推入每一块板靠近定位尺进行剪切。这样每块板不用逐一测量，使用标记就可以切成同样尺寸了。

（2）剪板机使用安全注意事项。

① 操作者必须熟悉设备的一般结构及性能，严禁超性能使用设备。

② 工作前，应先将上下刀片进行对刀，其刀片间隙应根据剪切钢板厚度确定，一般为被剪板料的厚度 5%～7%。

③ 禁止用敲击的方法来松紧挡料装置或调正刀片间隙。禁止在工作运转过程中，手进剪切区或用手接料和捡料。严禁二人在同机同时剪两件工件，剪板机后不准站人。

④ 刀片刃口必须保持锋利，如发现损坏及磨损或滞钝现象应及时磨利或更换。

⑤ 剪切不同厚度及不同材料的板料时，压板弹簧的压力及刀片间隙应调整适当，防止弹簧崩断或损伤刃口。

⑥ 禁止剪切棒料，工作台上不得放置其他物品，以免进入刃口损坏刀片。

⑦ 禁止下料超长、超厚，不许剪切淬过火的高速钢、工具钢及铸铁等。

⑧ 禁止操作者离开或托人代管开动着的设备。

⑨ 禁止剪切有爆炸性物品、棒料、过薄工件及非金属。

⑩ 剪切时应精力集中，若发现设备有异常现象，应立即停止剪切，通知有关人员检修。

⑪ 工作完毕下班前，应擦净设备，清扫设备周边地面。

⑫ 剪切前必须确定板材已经放置妥当，手已离开并通知剪板机旁所有人注意安全。取较小材料时，应借用辅助工具，禁止直接用手拿取。

⑬ 剪板机使用完毕后，必须将保险杆锁定在锁定位并断开电源，方可离开。

2）弯板机

手动弯板机用于沿着板的边缘弯板或折叠板，适合弯折小的弯边、凸缘、接缝及卷边。图 2-15 中所示的折弯机可用于钣金简单形状的折弯。

图 2-15　手动折弯机

(1)弯板机使用方法。

通过弯板机两端的螺丝调整材料厚度,当调整好后将所要求厚度的金属板放到弯板机上,把操作手柄抬起直到小滚轮靠在凸轮上。将折刀保持在这个位置上,调整螺丝使金属板可靠、整齐地夹紧在整个折刀长度上,当弯板机调整好后,用小金属板在机器的两端分别试验一下。

弯板机有两个强制的止动器,一个是弯、折45°角用的,另一个是弯、折90°角用的。弯板机上装一个附加的部件,此部件(可调套环)在机器的能力范围内可将弯曲调到任何角度。为了形成45°或90°,将止动器放到正确的位置,就可以允许手柄一直向前移动正确的角度。为了形成其他的角度,可使用可调套环,这项工作可通过松开螺丝将止动器调到所需要的角度。止动器调好后上紧螺丝,然后再进行弯折。

在弯折时,正确调整好机器,然后送入金属材料。把金属放在折刀和钳口之间,将金属靠着定位板抓牢,把操作手柄拉向机体。当手柄拉向前面,后钳口会自动升起抓住金属,直到金属弯折。当手柄返回原处后,钳口和刀也回到原来位置,而松开金属。为保证弯折出符合要求的工件,在弯折前一定要安排好弯折工序。

(2)弯板机使用安全注意事项。

① 操作前检查折边机的紧固螺栓是否有松动,根据材料的厚薄,调整好定位。按规定穿着劳保用品,折边机工作台面不能堆放其他杂物。

② 操作前必须将滑动部位注入适量的润滑油。待折的材料按规定正确放入折边机内,然后操作。不得随意操作,保证折边质量。

③ 作业时,操作工立于机器活动手把的两边,防止活动手把运动时发生撞击。操作工头部不能靠近活动手把,以免碰伤。

④ 操作工以逆时针形式进行上下活动完成折边过程。操作人员握活动手把时,要用力平衡。

⑤ 折边机或刀具发生故障或异常情况时要及时报告,经检查、修理后才能工作。严禁带病强行作业。

⑥ 工作完毕,清理设备,清扫现场。材料按指定位置存放有序,通道畅通,现场整洁。

⑦ 使用弯板机前,一定要对材料的厚度、弯边宽度、折叠的锐度及折叠角度进行一些调整。严禁使用弯板机弯折板材。

⑧ 使用弯板机时,一定要注意自身和周围人员的安全。

⑨ 因弯折需要拆除弯板机的部件,工作后必须马上装回。

(3)弯曲规范。

① 由于普通石墨铅笔可能对铝合金造成腐蚀,推荐使用红蓝铅笔(蜡笔)画出弯折线,如图2-16所示。

② 弯折之前必须去除毛刺,消除应力集中。

③ 条纹方向与弯折线:通常沿垂直于纹路的方向进行弯曲,防止裂纹产生;如果材料的两个方向都需要弯曲,则材料的条纹方向与对角线平行,即与弯折线呈45°角;如果零件的弯曲半径≥2T,则可以不考虑条纹方向。

④ 如果弯曲半径较大,可分多次弯曲成形。

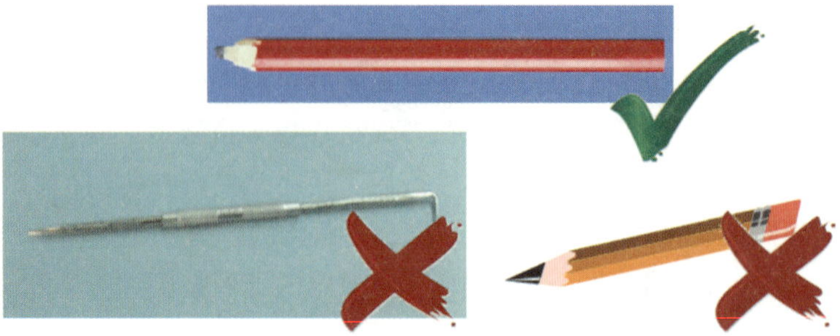

图 2-16　画线工具

⑤ 如果零件需要钻减压孔的，必须在弯折之前钻孔并去除毛刺；只要两个曲面相交，一定要去除一些材料，为边缘的金属留出空间，孔要在交点上钻，这些孔称为减压孔；减压孔可防止在内侧弯曲切线上产生变形，这些变形会引起金属开裂；减压孔提供了整齐的弯曲，其中多余的材料被剪除了；减压孔的尺寸随材料的厚度而变化，常用的决定减压孔直径的方法是使用这种尺寸的弯曲半径，但不小于最小允许值（1/8 in）。减压孔的质量规范：孔壁应光洁，不能有棱角、毛刺、压伤、划伤等，孔口边缘应光洁无毛刺，如图 2-17 所示。

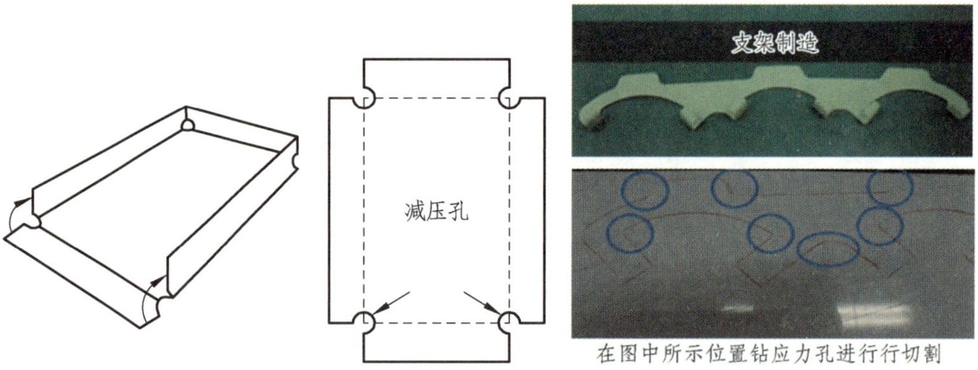

图 2-17　减压孔

⑥ 弯曲时的注意事项：

弯曲成形的速度要缓慢，防止金属开裂；

材料的种类、厚度、回火状态不同，回弹角度也不同，所以弯曲的方法略有不同；

弯折前采用同类型、等强度的试片进行测试弯曲，保证成品板材弯曲的准确性；

利用板材预留余量进行弯曲，保证修补件的准确度：由于飞机上板弯件可能存在或多或少的缺陷，例如弯曲半径过小、紧固件的边距偏小等；如果零件需要加工紧固件孔的，通常在弯曲成形后钻孔；安排好弯折工序，不可以多次反复弯曲，即如果角度弯过，不可以往回弯，不可以进行反复弯曲。

视频：折弯演示

（二）铆接基础知识

1. 铆接装配的形式

铆接是指利用铆钉把两个及以上板件连接在一起，如图 2-18 所示。铆接是飞机维修中重要的连接方式，常见的有单排搭接式、单排对接式、双排搭接式、双排对接式。

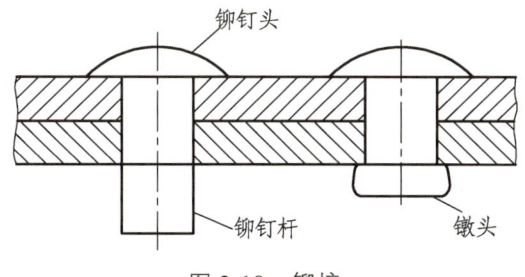

图 2-18　铆接

铆接可由手工或气动工具来完成。一般当铆钉直径小于 12 mm（1/2 in）时可不加热，称为冷铆；铆钉直径大于 12 mm（1/2 in）时，通常需要把铆钉全部或局部加热后铆接，称为热铆。飞机上的铆接常用于传递较小的分布载荷，铆钉直径一般都小于 12 mm（1/2 in），所以采用冷铆。

2　实芯铆钉

在飞机修理工作中通常使用实心铆钉，铆钉参数包括材料、头型、尺寸和热处理状态。实心铆钉的头型以铆钉头的截面形状而定，例如通用头、埋头等，如图 2-19 所示。

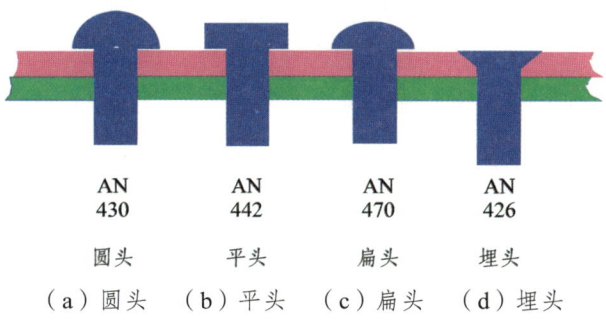

（a）圆头　（b）平头　（c）扁头　（d）埋头

图 2-19　铆钉头型

铆钉头型的确定取决于安装位置，具体修理时可参照结构修理手册（SRM）。应遵循的一般规则是：对于要求光滑气动外形的部位，例如从机翼前缘到翼剖面最厚处，从机身头部到其横剖面最大处等，应当使用埋头铆钉。埋头铆钉为平顶锥面式头型，与铆钉结合面上的锥形孔或凹窝相配合，以保持铆钉与被连接表面平齐。铆钉的埋头锥角为 78°～120°，通常使用的是 100°埋头。不同材料的铆钉，其表示方法如图 2-20 所示。

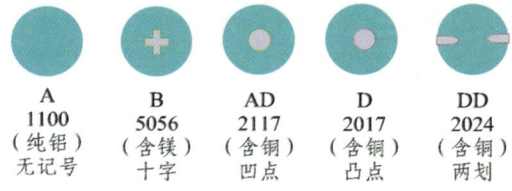

图 2-20　铆钉材料示意图

2024（DD）铆钉铆接前，应先热处理（参照 BAC5602 规范）。置于室温下的铆钉应在 20 分钟内完成施工。

热处理后的铆钉可储存于温度低于 −10 ℉（−23 ℃）环境下，以减缓时效硬化速度，从冷藏箱取出应在 15 min 内完成加工。

3. 铆钉的排列方式

铆钉的配置包括以下几个方面：

所需铆钉的数目；

使用铆钉的尺寸和种类；

铆钉的材料、热处理状态和强度；

铆钉孔直径；

铆钉的边距；

整个修理件上铆钉的间距和行距。

飞机结构修理时铆钉的头型由安装位置决定。要求光滑气动外形的地方应当使用埋头铆钉，在其余的大部分部位上可使用通用头型铆钉。

一般说来，铆钉的直径应当与被铆接件的厚度相对应。如果在薄板材上采用直径过大的铆钉，铆接所需要的力会在铆钉头周围造成不良的皱纹。如果在厚板材上采用直径过小的铆钉，则铆钉的剪切强度不能满足传递连接载荷的要求。一般规律是铆钉直径应当不小于所连接板件中较厚板厚度的 3 倍，在飞机装配和修理中最常选用的铆钉直径范围是 3/32～3/8 in。直径小于 3/32 in 的铆钉不能用在传递载荷的任何结构件上。

铆钉长度应当等于铆接厚度加上成形适当墩头所需的铆钉杆长度，铆接时形成的墩头尺寸应参照 SRM，如图 2-21 所示。

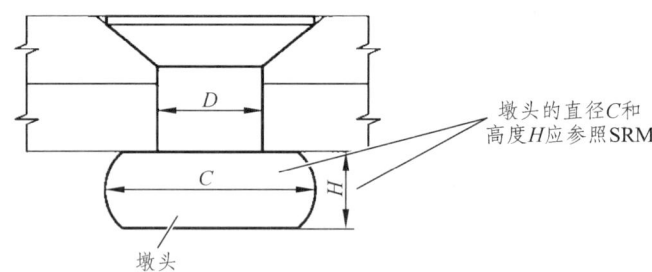

图 2-21 铆钉墩头尺寸

4. 铆接中的常见几个参数

1）铆钉位置参数

在一般的情况下，紧固件孔的位置按产品图样上所示，表示紧固件位置常用的三个参数：

间距：两个相邻紧固件位置中心距离。

排距：两排相邻紧固件中心连线之间的距离。

边距：紧固件孔中心到所在零件边缘的距离。

对间距、排距、边距均有一定的要求。为保证结构件的强度，对边距尺寸的保证是很重要的。边距是铆钉中心到板材边缘的距离，应在铆钉直径的 2～4 倍，推荐使用的边距约为 2.5 倍铆钉直径。如果铆钉安排得太靠近板的边缘，板件就可能在铆钉孔处出现裂纹或断开；如果铆钉安排得距板边缘太远，则板的边缘易于翘曲。铆钉间距是指同一行上两个相邻铆钉中心之间的距离,最小铆钉间距为铆钉直径的 3 倍,一般铆钉间距为铆钉直径的 4~6 倍。两相邻行铆钉中心线之间的距离称为铆钉行距,一般铆钉行距为铆钉间距的 75%,如图 2-22 所示。

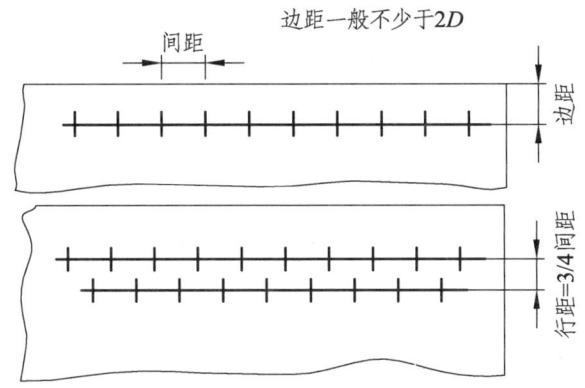

图 2-22　铆钉排列参数示意图

2)铆钉代号参数

常用的国家标准铆钉(代号)有:半圆头(GB867)、平锥头(GB868)、90°沉头(GB869)、扁圆头(GB871)、120°沉头(GB954)、大扁圆头的铆钉(GB1011)。具体说明如图 2-23 所示。

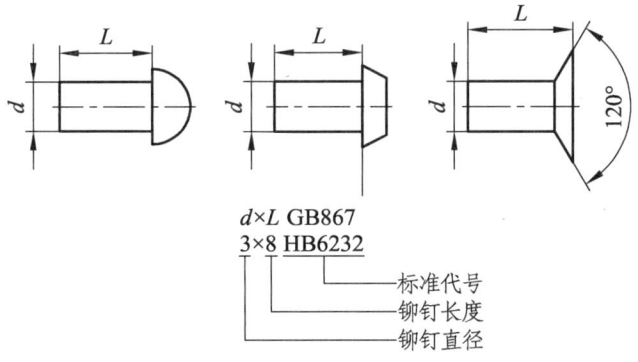

图 2-23　铆钉代号示意图

不同牌号的铆钉,其材料和表面图层、处理方式都不相同,常用的国标铆钉其代号、名称、材料、表面涂层对应关系如表 2-2 所示。

表 2-2　常用国家标准铆钉

标准代号	名　称	材　料	涂层
GB/T109—1986	平头铆钉	碳素钢 不锈钢、铜、铝及合金	镀锌钝化、阳极氧化 不经处理
GB/T863.1—1986	半圆头铆钉(粗制)	碳素钢、不锈钢、铜、铝及合金	镀锌钝化、阳极氧化 不经处理
GB/T863.2—1986	小半圆头铆钉(粗制)	碳素钢、不锈钢、铜、铝及合金	镀锌钝化、阳极氧化 不经处理

续表

标准代号	名 称	材 料	涂 层
GB/T865—1986	沉头铆钉（粗制）	碳素钢、不锈钢、铜、铝及合金	镀锌钝化、阳极氧化不经处理
GB/T866—1986	半沉头铆钉（粗制）	碳素钢、不锈钢、铜、铝及合金	镀锌钝化、阳极氧化不经处理
GB/T867—1986	半圆头铆钉	碳素钢、不锈钢、铜、铝及合金	镀锌钝化、阳极氧化不经处理
GB/T869—1986	沉头铆钉	碳素钢、不锈钢、铜、铝及合金	镀锌钝化、阳极氧化不经处理
GB/T872—1986	扁平头铆钉	碳素钢、不锈钢、铜、铝及合金	镀锌钝化、阳极氧化不经处理
GB/T873—1986	扁圆头半空心铆钉	碳素钢、不锈钢、铜、铝及合金	镀锌钝化、阳极氧化不经处理
GB/T875—1986	扁平头半空心铆钉	碳素钢、不锈钢、铜、铝及合金	镀锌钝化、阳极氧化不经处理

3）铆钉长度

在铆接施工过程中，我们要根据不同的夹层厚度来选择不同长度的铆钉，才能保证铆钉的墩头符合铆接标准。理论上铆钉长度的计算公式，可参考图2-24所示的计算公式。而在实际施工过程中，在保证误差允许范围内，也可以按照表2-3快速计算。

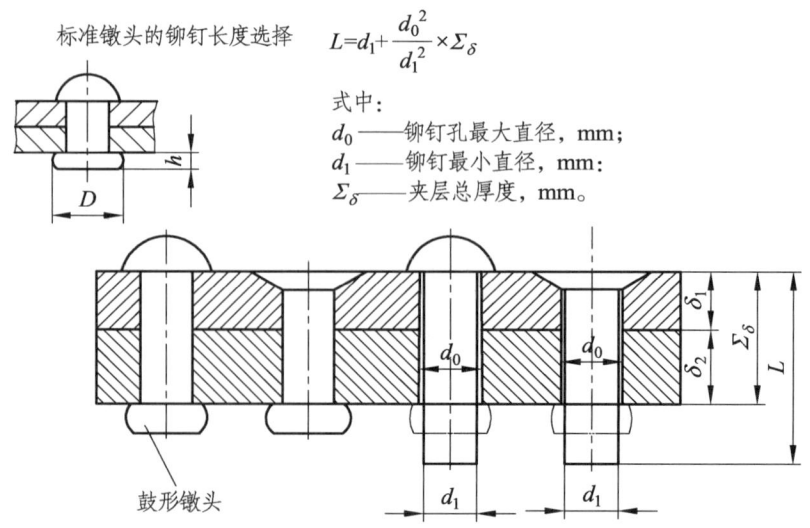

$$L = d_1 + \frac{d_0^2}{d_1^2} \times \Sigma_\delta$$

式中：
d_0——铆钉孔最大直径，mm；
d_1——铆钉最小直径，mm；
Σ_δ——夹层总厚度，mm。

图 2-24 铆钉长度选择

表 2-3　铆钉长度选择计算经验公式

铆钉直径 d	2.5	3	3.5	4	5	6	7	8
铆钉长度 L	$\Sigma_\delta+1.4d$		$\Sigma_\delta+1.3d$		$\Sigma_\delta+1.2d$		$\Sigma_\delta+1.1d$	

4）铆钉墩头尺寸

普通铆钉的墩头应是标准墩头"鼓形",不允许成"喇叭形""马蹄形",如图 2-25 所示。铆接完成后具体的墩头尺寸如图 2-26 所示。

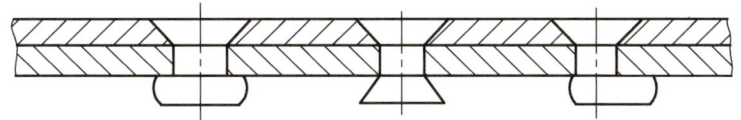

（a）标准墩头　（b）喇叭形墩头　（c）马蹄形墩头

图 2-25　铆钉墩头

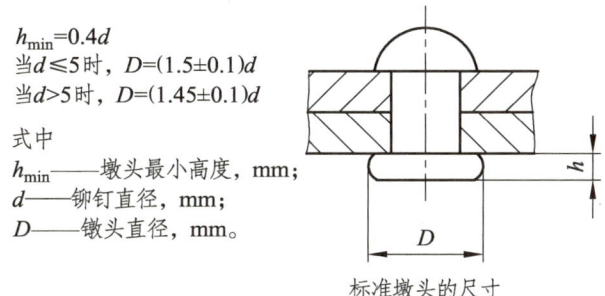

$h_{min}=0.4d$
当 $d \leqslant 5$ 时，$D=(1.5\pm0.1)d$
当 $d>5$ 时，$D=(1.45\pm0.1)d$
式中
h_{min}——墩头最小高度，mm；
d——铆钉直径，mm；
D——镦头直径，mm。

标准墩头的尺寸

图 2-26　标准尺寸的铆钉墩头

5. 铆接过程

1）钻孔及注意事项

（1）钻孔前的准备。

① 熟悉产品图样和有关资料，对照图样、资料检查铆接件的零件图号、材料、热表处理状态是否正确。

② 检查零件位置安放是否正确。

③ 检查铆接件之间是否贴合、压紧，如有间隙应立即排除，或增加压紧件数量，在虎钳或者施工平台上夹紧工件时的方法可参考图 2-27 所示。

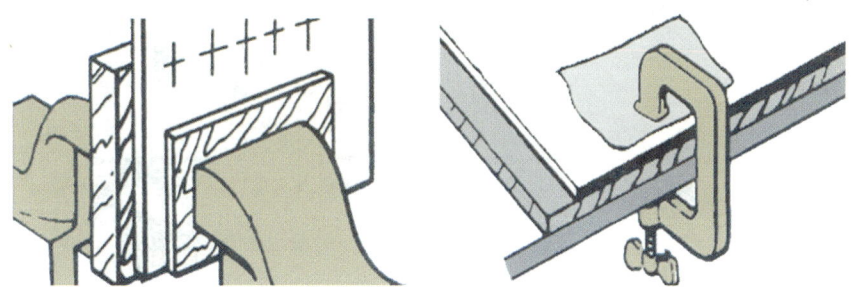

图 2-27　钻孔时夹紧工件方法

（2）确定制孔方法。

① 引孔：如果铆接件内层零件上有孔或导孔，而由于结构限制不能从导孔或内层原孔钻孔时，应引孔。

② 按钻模定孔位：按钻模钻的孔位由钻模确定，但钻模必须有完整的编号并与加工对象相对应，同时在钻孔前将钻模定位准确。

2）钻孔具体步骤

开始钻孔之前，用样冲为铆钉孔冲起导钻作用的定心点。钻孔时通常使用气钻或用轻型电钻钻孔，钻孔之前，一定要通过转动手钻或空转电钻并观察钻头端部，来检验安装的钻头是否准确和有无振动。不能使用晃动或弯曲的钻头，因为这样会使钻出来的孔过大。

钻孔时要始终使钻垂直于加工件，倾斜不应超过±2°。当用直钻钻孔有困难时，可使用转角钻或使用软轴钻。当钻孔时或从板中拔出时，绝不能使钻斜向一边，因为这会使孔变得不圆。

（1）上钻头（操作者必须用夹头钥匙将钻头紧固在钻头上），具体操作方法如图 2-28 所示，并按照图 2-29 所指示的方式握紧气钻。

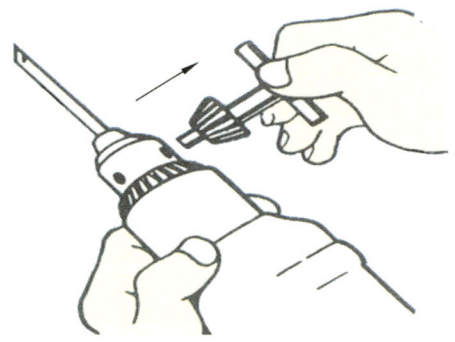
图 2-28　夹紧钻头

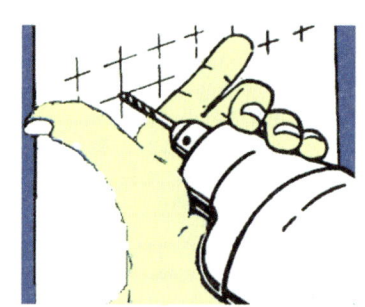
图 2-29　钻孔时手握气钻的方式

（2）为了保证钻孔时，孔的位置不跑偏，我们需要先以"十"字标记画出孔位，并用冲头在孔位置处打点，如图 2-30 所示。

（3）随后按图 2-31 所指示的方式，完成钻孔过程。注意，钻孔时须保证钻头中心线和工件表面垂直。

图 2-30　钻孔位置的中心点

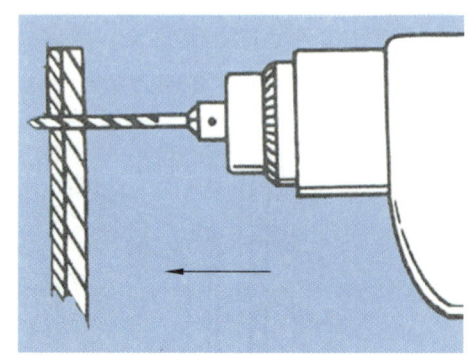
图 2-31　钻孔

3）清除孔边毛刺

（1）铆钉孔边的毛刺应清除，允许孔边形成 0.2 mm 深的倒角。

（2）钻孔后应用直径比铆钉孔大，其顶角为 120°~160° 的钻头或非金属刮板清除毛刺，操作方法如图 2-32 所示。

（3）如果铆接件要分解后再装，则应清除其贴合面孔边的毛刺。

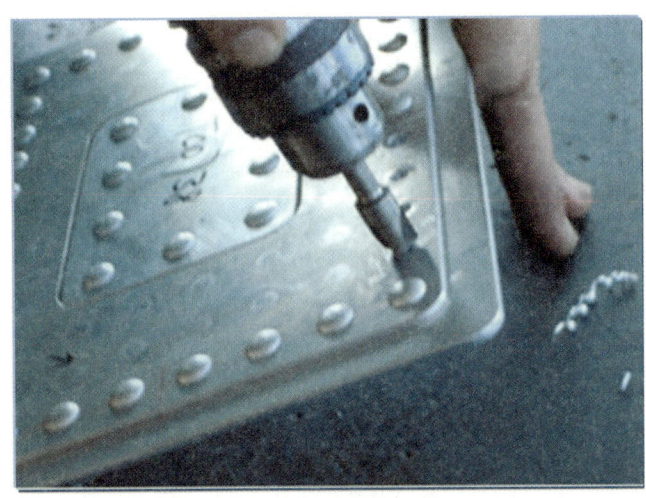

图 2-32　去除孔边缘的毛刺

4）钻孔一般注意事项

① 钻孔必须在工件定位压紧后进行。

② 钻头始终垂直于工件。

③ 钻孔时禁止戴手套。

④ 操作者仰面钻孔时，应戴防护眼镜。

⑤ 钻头光杆部分不应进入夹层内。

⑥ 钻孔完毕后，应在钻头旋转状态下从孔内退出钻头。

⑦ 用电钻手工钻孔应注意用电安全。

6. 锪窝的操作过程与技术要求

为了使飞机表面光滑，具有良好的空气动力性能，蒙皮和骨架的铆接多采用沉头铆钉，为此，在铆钉铆接之前，需要在蒙皮上施工，制作沉头窝，即锪窝，沉头铆钉形式如图 2-33 所示。

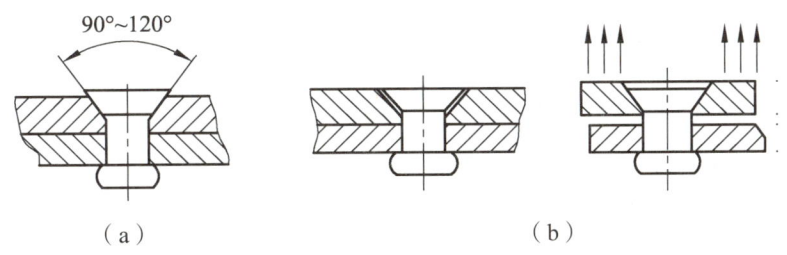

图 2-33　沉头窝

锪钻分为铆钉锪钻、螺钉锪钻、复合锪钻和端面锪钻,铆钉锪钻形状及参数如图 2-34 所示。锪窝时一般在风钻上同时安装可调的锪窝限制器(见图 2-35),以便准确地控制窝的深度和垂直度。

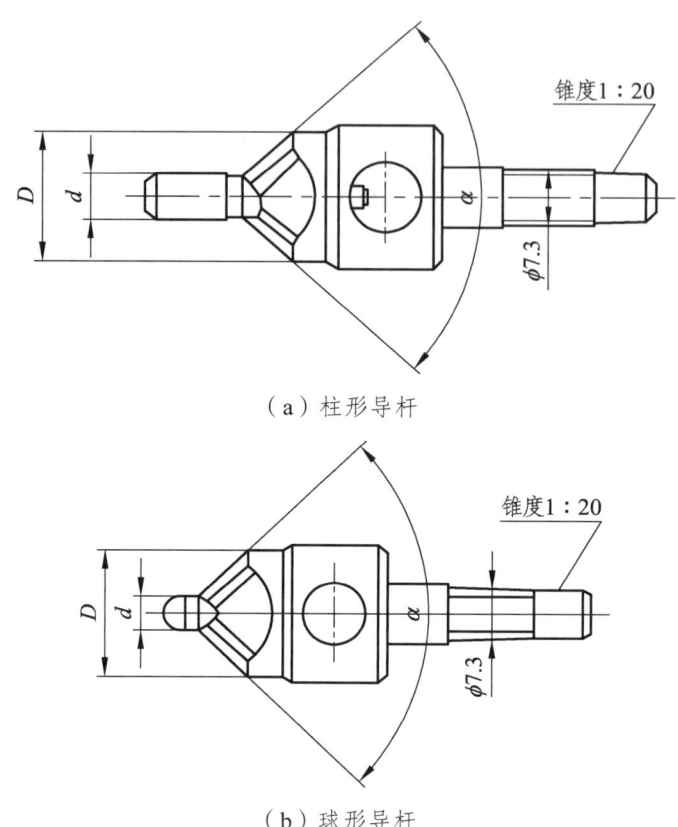

(a)柱形导杆

(b)球形导杆

图 2-34 不带定位的锪窝钻

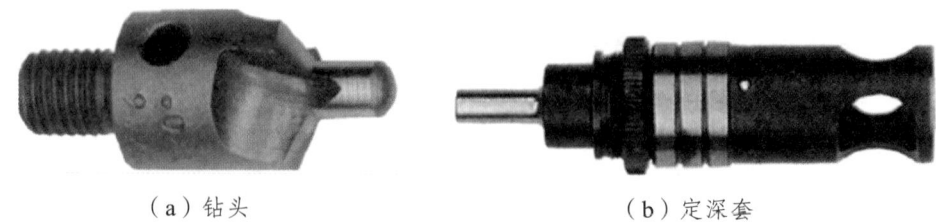

(a)钻头　　　　　　　　　　(b)定深套

图 2-35 定位锪窝钻

锪窝过程中应该注意以下事项:

(1)锪窝钻只能在旋转状态下与工件接触。

(2)锪窝的导销要对准锪窝的孔中心,并使锪钻(轴线)沿其孔(轴线)方向逐渐接近工件表面。

(3)在锪窝的整个过程中,不可使气钻停转。

(4)气钻的转速应均衡,加工铝质工件时,转速不宜过低;加工钢质工件时,转速不宜过高。

（5）加工过程中，不应使刀具偏摆。

（6）锪窝完毕后，锪钻只能在旋转状态下离开工件。

（7）在刚性不好的工件上锪窝时，背后应支撑。

（8）窝的角度应与铆钉头角度一致。

（9）窝的表面应光滑洁净，不允许有棱角和划伤。

（10）锪制铆钉窝的圆柱度不得超过 0.2 mm，在每行铆钉中允许 15% 铆钉窝的圆柱度不大于 0.3 mm。

（11）锪窝的深度必须小于铆钉头的高度，用标准铆钉检查时，钉头不准下凹，钉头凸出量可参考沉头铆钉头窝的工艺说明书（NYS-2002），窝的轴线应垂直零件表面，锪窝面应光滑，不允许有棱角或划伤，不能划伤零件表面，锪窝时零件应压紧，以免出现台阶。

7. 铆接工艺过程

1）铆接工作原理

铆枪的冲击力使铆钉杆变形，是因为铆枪上的冲头导致。冲头又名铆杆，它的作用是保持铆钉头（或墩头）的形状和传递锤击时的载荷。常用冲头的形式如图 2-36 所示，当冲头以相当大的速度锤击铆钉，由于顶把的阻碍使窝头在极短的时间内产生了很大的加速度。设窝头给铆钉的冲击力为 P，窝头的质量为 m，窝头的加速度为 a，依据牛顿第二定律可知：$f=ma$。所以这个力在极短时间内可以达到数千牛顿，从而使钉杆镦粗成形。锤铆能量损失较大，冲击力使工件振动，但使铆接件各层贴紧，同时造成工件变形和产生较大噪声。

图 2-36　冲头（铆杆）

在铆接过程中，顶铁的作用是支撑在铆钉的一端，使铆钉杆在锤击力的作用下受到较大的压力而产生变形。顶铁在锤击力的作用下，势必产生移动，消耗铆枪的功率，减少铆枪作用于铆钉杆的锤击力。如果顶铁质量太小，其在锤击力的作用下，移动的速度就快，消耗的功率就多。如果顶铁的质量过大，操作者易于疲劳，不易掌握。因此，顶铁的质量是有一定限制的。图 2-37 所示为常见的通用顶铁实物。

图 2-37　常见的顶铁

2）铆接工艺过程

沉头铆接的工艺过程依次为定位与夹紧，确定孔位，制孔、制窝、去毛刺和清理切屑，放铆钉、施铆、防腐蚀处理，其原理如图 2-38 所示。

图 2-38 铆接原理示意图

定位或铆接时，应按照一定顺序进行，否则在铆接之后便会引起钣件产生鼓动和波纹。特别是薄蒙皮的铆接必须按照一定的顺序进行。实际施工过程中铆接过程如图 2-39 所示。

图 2-39 铆接示意图

3）铆接的质量

铆接质量是飞机生产质量的一个重要方面。解决铆接质量问题，涉及的因素是多方面的，它与设计、工艺、生产等部门都有关，技术问题也是影响质量的主要方面，但更重要的是我们对质量的态度和责任心的问题。铆接施工完成后各尺寸参数要满足的条件如图 2-40 所示。铆接过程中可能出现的问题，以及产生的原因和解决方法如表 2-4 所示。

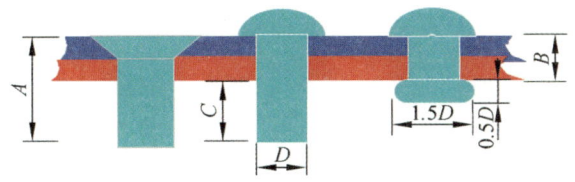

图 2-40　铆接标准示意图

（1）铆接前的检查：
① 孔的位置；
② 铆钉孔和沉头窝的质量。
（2）铆接后的检查：
① 铆接件之间的间隙；
② 铆钉头与零件表面的贴合情况；
③ 铆钉头表面质量及沉头铆钉头相对零件的凸出量；
④ 铆钉墩头的尺寸、形状，具体尺寸如图 2-40 所示。
⑤ 铆接件的表面质量。

表 2-4　铆接缺陷、产生原因及排除方法

缺陷	示意图	产生原因	排除方法
沉头铆钉头凹进构件表面		（1）埋头窝过深； （2）铆钉头高度小于规定尺寸	加大一号铆钉或者更换铆钉
铆钉埋头相对构件表面凸出量过大		埋头窝过浅； 铆钉头高度大于固定尺寸	更换铆钉重新锪窝
铆钉与埋头窝之间有间隙		铆钉头与埋头窝角度不一致或埋头窝偏斜	更换大一号铆钉或者重新锪窝铆接

续表

缺陷	示意图	产生原因	排除方法
铆钉杆在钉头下墩粗，与构件表面有间隙		铆接时顶铁的顶紧力过大或铆枪的压紧力不足	更换铆钉
铆钉头与构件表面间有单向间隙		（1）铆接时冲头倾斜； （2）铆孔不垂直	补铆或者更换铆钉
铆钉头或墩头打伤		铆接时冲头或顶铁掌握不正确	更换铆钉
墩头上有裂纹		铆钉材料塑性不足	更换铆钉
墩头形状不正确		（1）铆枪功率不足或气压太小； （2）顶铁重量不够	更换铆钉
墩头高度过小，直径过大		（1）铆接时顶紧力过大或锤击时间过长； （2）压铆机调整不正确	更换铆钉重新铆接
墩头偏移过大		（1）铆接时顶铁顶的不正确； （2）铆钉长度过长	更换铆钉
墩头偏斜		（1）铆接时顶铁工作面与构件表面不平行； （2）工具工作面歪斜(压铆时)	更换铆钉

续表

缺陷	示意图	产生原因	排除方法
铆钉杆在钉孔内弯曲		铆孔直径过大	更换铆钉
构件之间有间隙，铆钉杆在夹层间墩粗		构件之间贴合不好，没有完全夹紧	拆除铆钉，排除夹层间隙，重新铆接
铆钉处构件表面损伤		冲头选择不正确，窝子太大	损伤部位过多且较严重时，更换构件
墩头过大，直径过小		（1）铆接时顶紧力过小或锤击时间过短； （2）压铆机调整不正确	重新铆接

四、任务实施

通过上面知识的学习，我们首先来完成案例分析中的钣铆组合件的制作，主要加工过程如下。

视频：铆接施工

（一）图纸的识读

根据图 2-1 的装配图，我们进行组合件的还原。零件图中一共包括 4 个零件，1#零件、2#零件（2 件）、3#零件，图中没有表示出零件的具体的技术要求，三维示意图如图 2-41 所示。

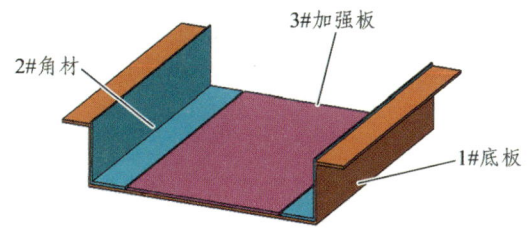

图 2-41　钣铆组合件三维示意图

（二）零件的加工成型

从图 2-41 中我们可以看出，要完成上面的组合件制作，首先要完成 1#底板和 2#角材的制作，具体参照图 2-42、图 2-43 所示。

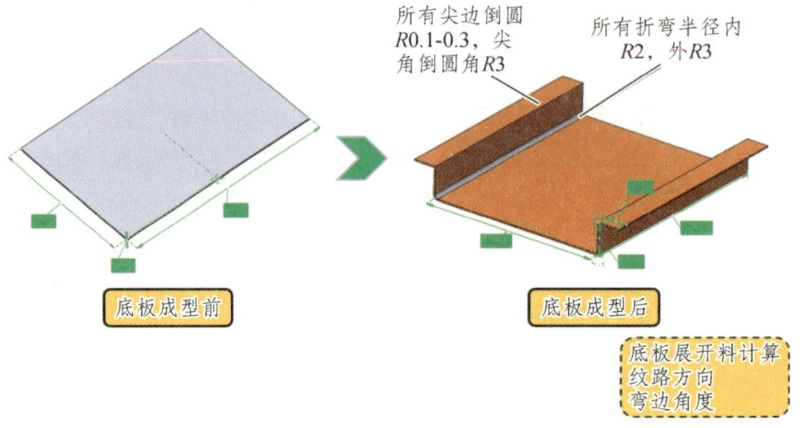

图 2-42　1#底板制示意图

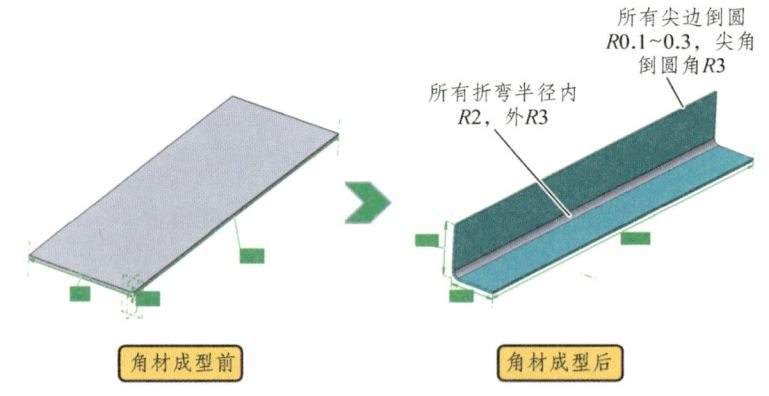

图 2-43　2#角材成型示意图

（三）零件的装配

完成零件加工工作之后，需要对零件进行装配，具体过程如图 2-44 所示装配流程图。

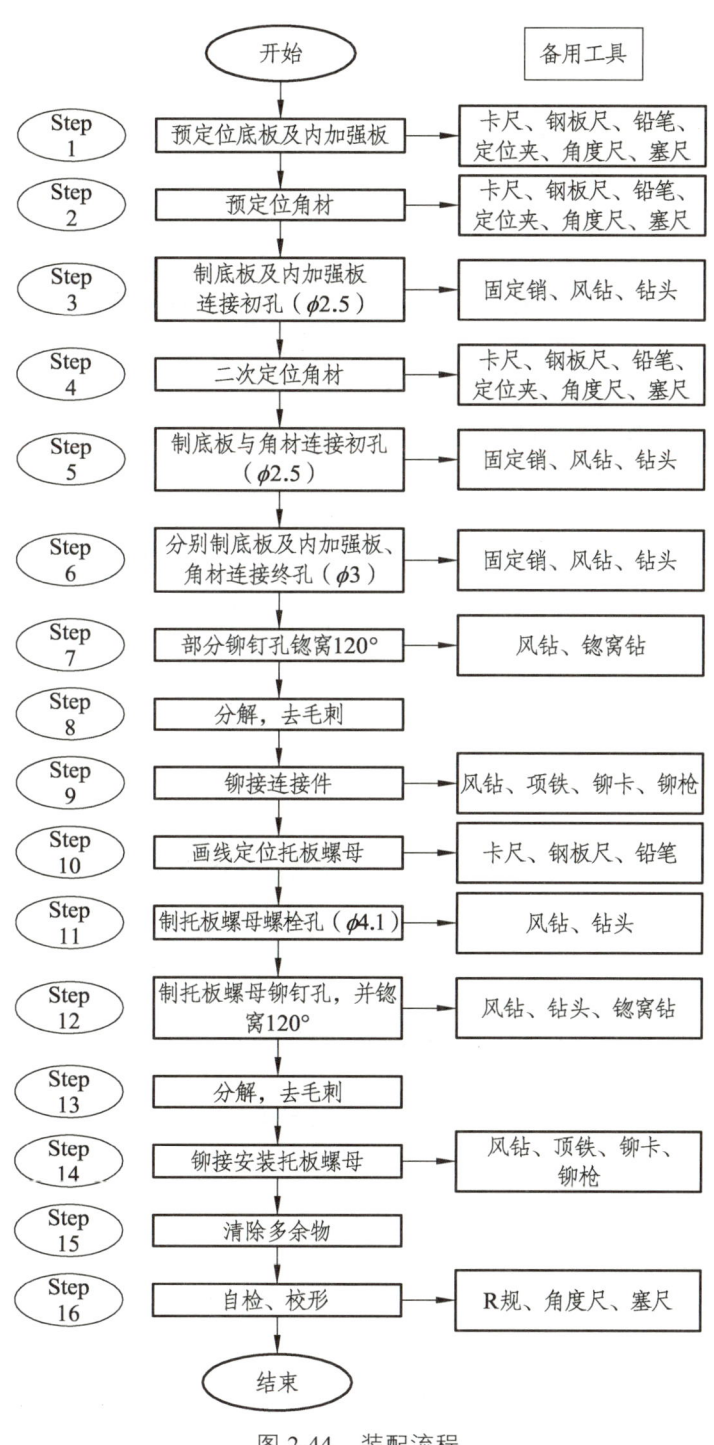

图 2-44 装配流程

五、金属结构修理安全注意事项

钣铆加工中,可能引起安全事故的设备有剪板机、折弯机、气钻和铆枪等气动工具,如果使用不恰当，很可能会对操作者产生伤害，在操作中要注意如下安全事项：

（1）在操作过程中，精神应集中。

（2）穿戴好规定的劳保用品。

（3）严格按操作规程操作。

（4）在操作过程中，严禁将手伸入上下模之间，加工小件时必须用镊子或其他专用工具操作。

（5）折弯时，未取出模中零件前，不准放入第二件，落料、冲孔时要及时清除掉落在模具刃口上的零件，否则不准继续冲孔。

（6）使用剪板机裁剪铝板时，应注意安全。

（7）易变形的弯曲件、表面易划伤件加工时要整齐排放装箱，不得堆放。

（8）对于非金属的加工件，在加工前应把模具和工作台擦干净，以免弄脏。

（9）开始实训之前必须检查气源系统、台式钻床等工具设备的完整性、功能完好性。

（10）进行铆接作业时，应佩戴降噪耳塞保护个人听力。

（11）使用气压铆枪时，铆枪口禁止朝向人。

（12）使用台式钻床钻孔时，必须夹紧工件，佩戴护目镜作业。

六、技能提升

有了上面的知识积累，现在我们可以尝试独立完成相对复杂的钣铆组件的制作，当我们能高标准完成下述案例时，我们就可以自信地应对比赛中金属结构修理中可能遇到的大多数问题。

（一）案例1：第45届世赛全国选拔赛结构修理样题

请按照表 2-5 给定的设备、工具、耗材，根据图纸要求，在 4 h 内完成图 2-45 所示钣铆组合件的制作。

表 2-5　钣金加工中的设备、工具、耗材

序号	设备名称	型号	单位	数量
1	剪板机	Q11—1×720	台	1 台
2	折弯机	WS—1×600	台	1 台
3	台虎钳	150 mm	台	1 台
4	胶带纸		卷	1 卷
5	木块		块	1 块
6	抹布			若干
7	矫正平板	300 mm×300 mm	块	1 块
8	检测样板	118°±30′和 152°±30′	套	各 2 套
9	深度游标卡尺	0～300 mm	把	1 把

续表

序号	设备名称	型号	单位	数量
10	钣金铆接工作台	1.5 m×0.8 m×1 m	件	1件
11	铝合金板	300 mm×300 mm×1 mm	件	1
12	铆钉	3×6 GB867	个	8
13	铆钉	3×6 GB868	个	8
14	铆钉	3×6 GB954	个	8
15	风钻	通用	把	1
16	铆枪	M3 或 M5	把	1
17	钻头	ϕ3.1，ϕ3.6，ϕ4.1，ϕ4.2，ϕ5.1	支	各1
18	空心锪钻（孔锯、蒙皮锪钻）	适用ϕ18 mm 孔	支	1
19	锪窝钻	ϕ3×120°	支	1
20	锪窝限位器	适用ϕ3 沉头铆钉	个	1
21	旋转锉（滚铣刀）	适用平面和ϕ18 mm 孔	把	2
22	塞尺	75B14	把	1
23	万能角度尺	320°	把	1
24	卡尺	0～150 mm	把	1
25	钢板尺	150 mm 或 300 mm	把	1
26	R 规	0～6 mm	副	1
27	去毛刺器	自定	套	1
28	钣金剪	通用	把	1
29	油性记号笔	黑色 0.35-0.5 mm	支	1
30	半圆锉	自定	把	1
31	平板锉刀	自定	把	1
32	整形锉	自定	套	1
33	细砂纸	320#	张	2
34	铆卡	适用 3×LGB867 3×LGB868	个	各1
35	铆卡	适用 GB954	个	2
36	定位销	ϕ3	个	各12
37	定位销钳	通用	把	1
38	夹紧钳	4″或 6″	把	8
39	螺丝刀	十字、一字（6″）	把	各1
40	顶铁	通用（需1件厚度小于 35 mm）		若干
41	划规	150 mm（6″）	把	1
42	木锤	ϕ30～50 mm	把	1
43	橡胶打板	通用	条	1
44	毛刷		把	1
45	计算器	函数科学计算器	个	1

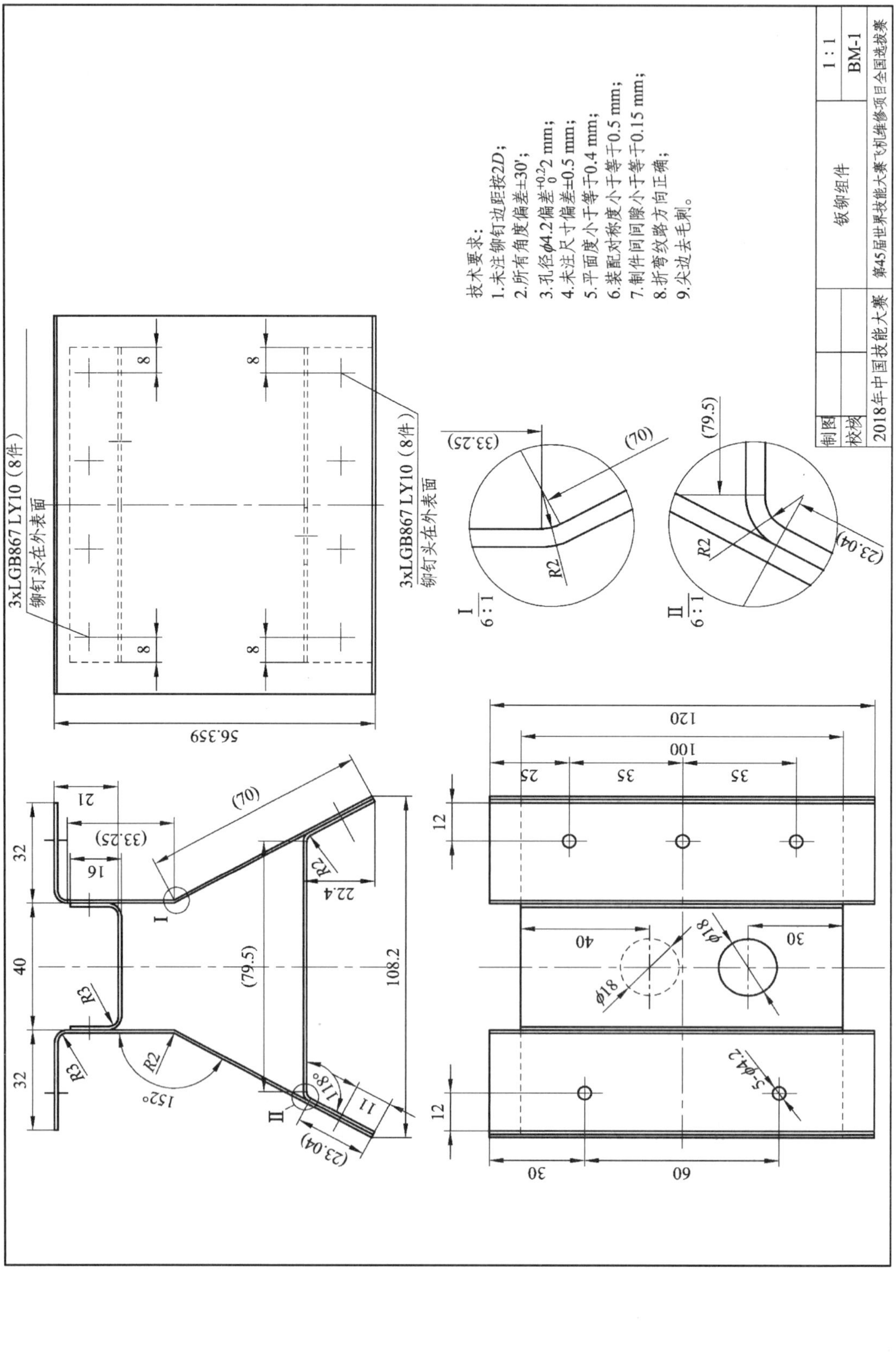

图 2-45 钣铆组合件图纸

按以下标准对参赛选手测试过程中的操作及提交的零部件进行评分，具体如表 2-6 所示。

表 2-6　图 2-45 所示钣铆组合件评分表

序号	考核要求 项目	容差	工量具	分值	评分标准
1	所有板弯内半径 $R2$、$R3$	±0.5 mm	R 规	4	每超差 1 处扣 0.5 分
2	尺寸 120 mm（二处）	±0.5 mm	卡尺	3	每处超差 0.5 mm 扣 1 分，超 1 mm 扣 1.5 分
3	尺寸 101m（二处）	±0.5 mm	卡尺	3	每处超差 0.5 mm 扣 1 分，超 1 mm 扣 1.5 分
4	尺寸 32 mm（二处）	±0.5 mm	卡尺	3	每处超差 0.5 mm 扣 1 分，超 1 mm 扣 1.5 分
5	尺寸 40 mm	±0.5 mm	卡尺	2	超差 0.5 mm 扣 1 分，超 1 mm 扣 2 分
6	尺寸 16 mm（二处）	±0.5 mm	卡尺	2	每处超差 0.5 mm 扣 0.5 分，超 1 mm 扣 1 分
7	尺寸 21 mm（二处）	±0.5 mm	深度游标卡尺	2	每处超差 0.5 mm 扣 0.5 分，超 1 mm 扣 1 分
8	尺寸 100 mm（二处）	±0.5 mm	卡尺	3	每处超差 0.5 mm 扣 1 分，超 1 mm 扣 1.5 分
9	尺寸 108.2 mm	±0.5 mm	卡尺	2	超差 0.5 mm 扣 1 分，超 1 mm 扣 2 分
10	尺寸 22.4 mm（二处）	±0.5 mm	深度游标卡尺	3	每处超差 0.5 mm 扣 1 分，超 1 mm 扣 1.5 分
11	90°角（四处）	±30′	角度尺	4	每处超差 30′扣 1 分
12	152°角（二处）	±30′	角度尺、样板	2	每处大于 30′扣 1 分
13	118°角（二处）	±30′	角度尺、样板	2	每处大于 30′扣 1 分
14	半圆头铆钉边距 6 mm、8 mm	+1 mm	卡尺	6	每处 0.5 分，每处超差扣 0.5 分
15	半圆头铆钉间距 28 mm	±0.5 mm	卡尺	3	每处 0.5 分，每处超差扣 0.5 分
16	盆头铆钉边距 8 mm、11 mm	±0.5 mm	卡尺	6	每处 0.5 分，每处超差扣 0.5 分
17	盆头铆钉间距 28 mm	±0.5 mm	卡尺	3	每处 0.5 分，每处超差扣 0.5 分

续表

序号	考核要求 项目	容差	工量具	分值	评分标准
18	φ4.2 孔直径	+0.2 mm	卡尺	1	每处超差扣 0.5 分
19	φ4.2 孔边距 12 mm、25 mm、30 mm	±0.5 mm	卡尺	3	每处超差扣 0.5 分
20	φ4.2 孔间距 35 mm 和 60 mm	±0.5 mm	卡尺	1	每处 0.5 分,每处超差扣 0.5 分
21	φ18 孔直径	+0.3 mm	卡尺	1	每处超差扣 0.5 分
22	φ18 孔边距 40 mm 和 30 mm	±0.5 mm	卡尺	1	每处超差扣 0.5 分
23	装配对称(二处)	≤0.5 mm	卡尺	4	每处超差 0.5 mm 扣 1 分,超 1 mm 扣 2 分
24	工件表面变形量(平面度)	≤0.4 mm	塞尺	2	每超差 1 处扣 0.5 分
25	工件间局部间隙	≤0.15 mm	塞尺	2	每超差 1 处扣 0.5 分
26	工件之间不能有多余夹杂物		目视	1	工件之间有多余夹杂物,此项不得分
27	所有边缘光滑无磕伤		目视	1	每磕伤 1 处扣 0.5 分
28	折弯 R 区有无裂纹、橘皮		目视	1	每超差 1 处扣 0.5 分
29	零件去毛刺		目视	2	每超差 1 处扣 0.5 分
30	纹路方向	按标准	目视	1	纹路与折弯边不垂直不得分
31	工件表面不允许有压伤、划伤		目视	2	压伤或划伤每处扣 0.5~3 分
32	钉头方向		目测	24	16 个铆钉,每个铆钉 1.5 分,出现一种缺陷扣 0.5 分,每个铆钉铆接质量缺陷累计扣分不超过 1.5 分
33	铆钉墩头成型		目测		
34	铆钉处制件凸出或凹陷		目测		
35	铆钉的变形和机械损伤		目测		
36	铆钉墩头直径	4.2~4.8 mm	卡规或卡尺		
37	铆钉墩头高度	$H_{min}=1.2$ mm	卡规或卡尺		
38	铆钉头单向间隙	≤0.05 mm	塞尺		
39	安全文明生产	现场记录;未正确佩戴安全防护眼镜扣 1 分;未正确佩戴耳塞扣 1 分;不得损伤工具,每出现 1 件扣除 1 分,最多扣 5 分;场地未清理扣 5 分			
合计	100 分				

（二）案例 2：钣铆组合件制作

按图 2-46 所示钣铆组合件施工图纸的要求完成组合件的制作。

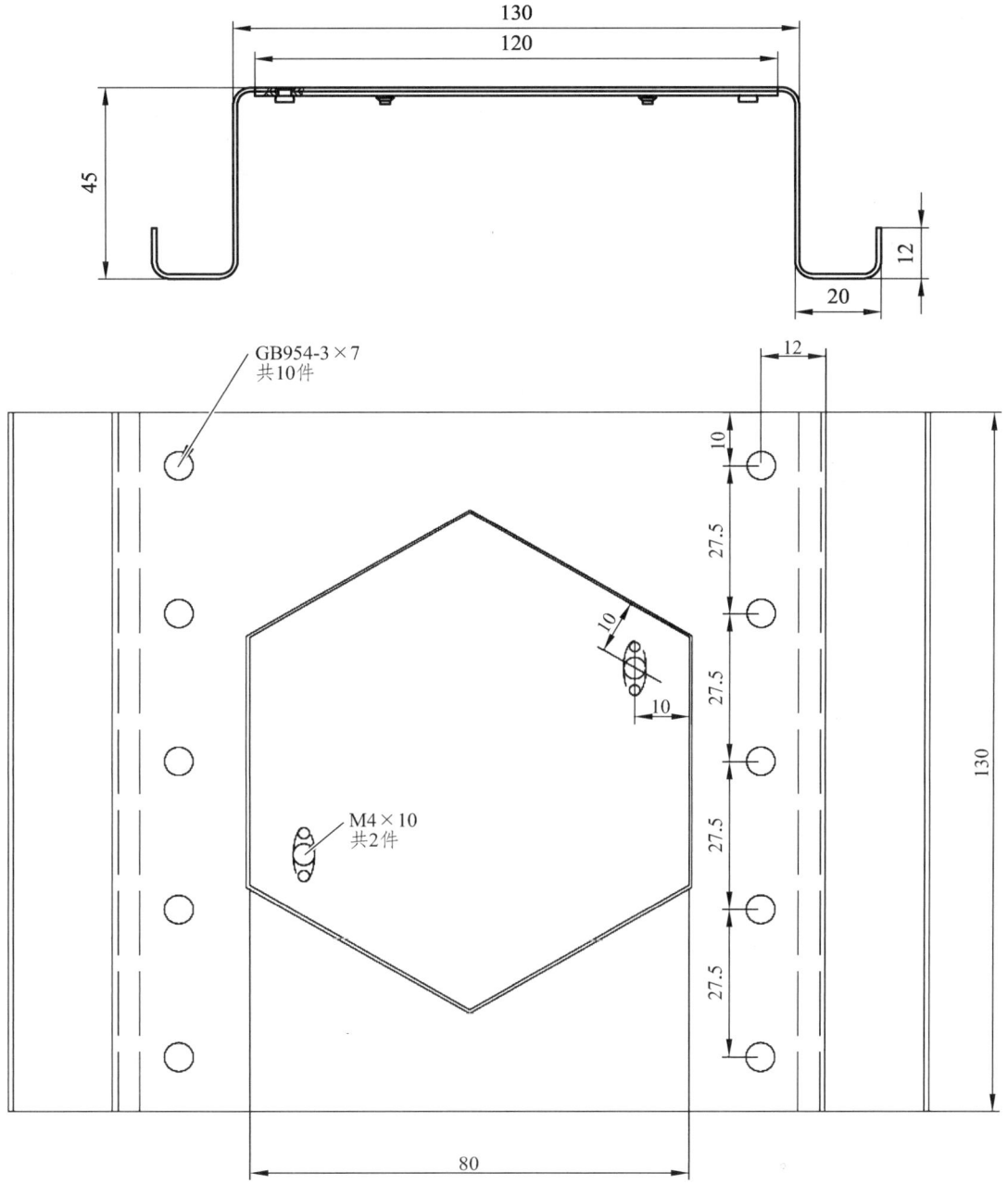

图 2-46　钣铆组合件

按表 2-7 所示的评分标准完成图 2-46 所示工件的评分。

表 2-7　图 2-46 所示钣铆组合件评分表

序号	项目	容差	分值	评分标准	结果	得分
	件一					
1	左侧弯边高度 12 mm（至少测量 2 处）	±0.3 mm	3 分	每超出 0.3 mm 容差扣除 1 分，超出 0.5 mm 扣 2 分		
2	右侧弯边高度 12 mm（至少测量 2 处）	±0.3 mm	3 分	每超出 0.3 mm 容差扣除 1 分，超出 0.5 mm 扣 2 分		
3	左侧外形尺寸 20 mm（至少测量 2 处）	±0.5 mm	3 分	每超出 0.5 mm 容差扣除 1 分，超出 1 mm 扣 2 分		
4	右侧外形尺寸 20 mm（至少测量 2 处）	±0.5 mm	3 分	每超出 0.5 mm 容差扣除 1 分，超出 1 mm 扣 2 分		
5	左侧外形尺寸 45 mm（至少测量 2 处）	±0.5 mm	3 分	每超出 0.5 mm 容差扣除 1 分，超出 1 mm 扣 2 分		
6	右侧外形尺寸 45 mm（至少测量 2 处）	±0.5 mm	3 分	每超出 0.5 mm 容差扣除 1 分，超出 1 mm 扣 2 分		
7	折弯外形尺寸 130 mm（至少测量 2 处）	±0.5 mm	3 分	每超出 0.5 mm 容差扣除 1 分，超出 1 mm 扣 2 分		
8	非折弯外形尺寸 130 mm（至少测量 2 处）	±0.3 mm	2 分	每超出 0.3 mm 容差扣除 1 分，超出 0.5 mm 扣 2 分		
9	外形尺寸 130 mm（至少测量 2 处）	±0.3 mm	2 分	每超出 0.3 mm 容差扣除 1 分，超出 0.5 mm 扣 2 分		
10	外形尺寸 120 mm（至少测量 2 处）	±0.3 mm	2 分	每超出 0.3 mm 容差扣除 1 分，超出 0.5 mm 扣 2 分		
	件三					
11	外形尺寸 80 mm（共 3 处）	±0.5 mm	6 分	每超出 0.5 mm 容差扣除 1 分，超出 1 mm 扣 2 分		
	装配测量					
12	对称性	目视	2 分	无翘曲、变形，组合件对称		
13	平面度	≤0.3 mm	1 分			
14	板弯件弯边垂直度共 6 处，（每处测量两个位置）	±30″	6 分	每超出 30″扣 1 分		
15	零件无毛刺，尖角倒钝	目视	2 分	每超差 1 处扣 0.5 分，扣完为止		
16	所有边缘光滑无磕伤无锐边	目视	2 分	每磕伤 1 处扣 0.5 分		
17	折弯 R 区有无裂纹、橘皮	目视	1 分	每出现 1 处扣 1 分		
18	铆钉边距 12 mm	±0.5 mm	2 分	每超出 0.5 mm 扣除 0.5 分，超出 1 mm 扣 1 分		
19	铆钉端头 10 mm	±0.5 mm	2 分	每超出 0.5 mm 扣除 0.5 分，超出 1 mm 扣 1 分		

续表

序号	项目	容差	分值	评分标准	结果	得分
20	铆钉间距 27.5 mm	±0.5 mm	2 分	每超出 0.5 mm 扣除 0.5 分，超出 1 mm 扣 1 分		
21	托板螺母相对位置 10 mm，10 mm.	±0.5 mm	3 分	每超出 0.5 mm 扣除 0.5 分，超出 1 mm 扣 1 分		
22	工件间局部间隙	≤0.15 mm	2 分	每超出 1 处扣 1 分，扣完为止		
23	件一和件三之间的装配间隙	±0.3 mm	6 分	每超出 0.3 mm 扣 1 分，超出 1 mm 扣 2 分		
24	钉头方向		15 分	每出现一处缺陷扣 0.5 分，每个铆钉铆接质量缺陷累计扣分不超过 1.5 分，扣完为止		
	沉头铆钉钉头允许凸出表面 0.1 mm，不允许凹陷	0+0.1 mm				
	铆钉钉头的变形和机械损伤					
	铆钉墩头直径	4.2～4.8 mm				
	铆钉墩头高度	$h_{min}=1.2$ mm				
	铆钉头单向间隙	0.05 mm				
25	工件表面不允许有压伤、划伤	目视	4 分	压伤或划伤每处扣 0.5～2 分		
26	工件之间不能有多余夹杂物	目视	1 分	工件之间有多余夹杂物，此项不得分		
27	材料表面纹路正确	目视	2 分	材料纹路与折弯边平行扣 2 分		
28	安全文明生产	过程检查	5 分	未正确佩戴安全防护眼镜扣 1 分；未正确佩戴耳塞扣 1 分；不得损伤工具、工件落地，每出现 1 扣除 1 分，最多扣 5 分；场地未清理，扣 5 分 全部扣分不超过 5 分		
29	零件与图纸不符，或未完成组装	目视	6 分	工件与图纸不符或重大缺陷每处扣 6 分（如多钻孔、成形方向错误等）		
30	绘图及计算	计算过程	3 分	公式错不得分；公式对、过程错扣 2 分；公式对、过程对、结果错扣 1 分		

视频：案例成品展示

项目三 飞机电气线路制作与故障排除

一、教学目标

【知识目标】

（1）掌握电气线路故障排除模块施工具体包括的内容。
（2）了解电气线路故障排除模块需要具备的能力。
（3）能够正确理解给定的文件、图纸、工卡。

【技能目标】

（1）能够在指定的环境中完成线路、系统的制作、连接、装配及检测，故障分析及排除。
（2）能标准规范地正确检查、校验和掌握使用各类通用、专用设施设备、工具。
（3）能正确填写相关表格文件。

【素质目标】

（1）培养良好的机务作风，如工具清点，以及规范施工应该具备的意识。
（2）培养安全意识，做到不伤害自己、不伤害他人、不被他人伤害。
（3）培养良好的沟通与交流的能力。

二、案例分析

我们先看中华人民共和国第一届职业技能大赛飞机维修外场可更换单元（LRU）电气题目及对应的评分标准。

请根据图 3-1 所示的要求，利用标准线路施工相关知识加以分析，要完成该电路的制作，需要具备哪些方面的能力？可能用到的工具有哪些？加工工序又该如何安排？

请选手按照如下的要求完成任务：

（1）按照清单清点工具、材料。
（2）按照图 3-1、图 3-2 准备线路板，正确选择并预安装元器件（允许超越工序，在步骤 4 后）。
（3）按照图 3-1、图 3-2 及标准规范 SWPM20-10-11、SWPM20-10-12、SWPM 20-00-15、SWPM 20-30-12 布线、捆扎成束、标识，加工并接头。
（4）按照图 3-1、图 3-2 及标准规范 SWPM20-10-11、SWPM20-10-12 将线束安装固定在模拟安装板上；
（5）按照图 3-1、图 3-2 及标准规范 SWPM20-00-15、SWPM20-15-04、SWPM20-15-21、SWPM 20-30-11 进行开关（SW1、SW2）、接线排（TB）接线。
（6）按照图 3-1、图 3-2 及标准规范 SWPM20-00-15、SWPM20-10-14、SWPM 20-40-13

进行灯组件（L1、L2）接线，暂不要安装灯泡；

（7）按照图 3-1、图 3-2 及标准规范 SWPM 20-00-15、SWPM 20-60-00、SWPM 20-63-19 进行插头压接及接线（步骤 5、6、7 允许并行）。

（8）进行线路导通检查。

（9）连接电源，检查系统完好性，系统通电，测量每个灯组件（L1 和 L2）的电压。

（10）进行系统逻辑工作检查。

（11）清扫整理。

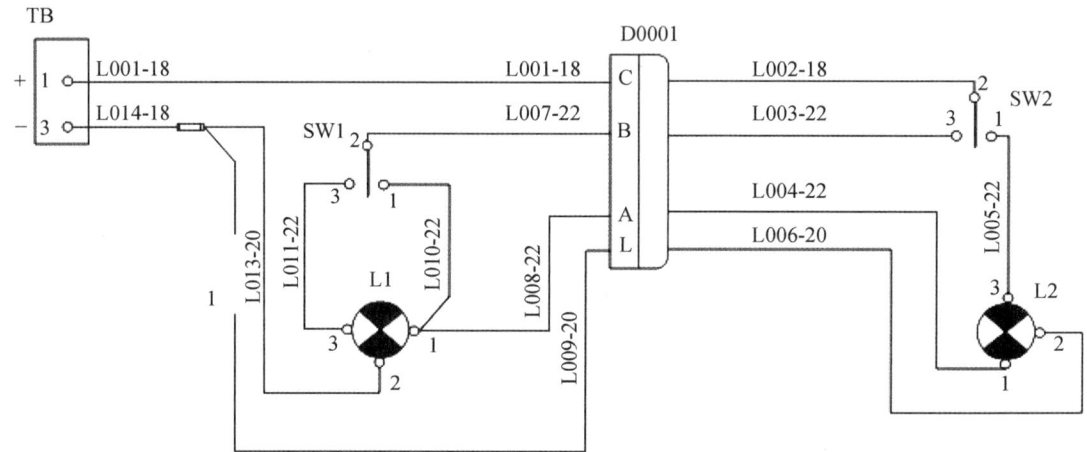

图 3-1　线路图

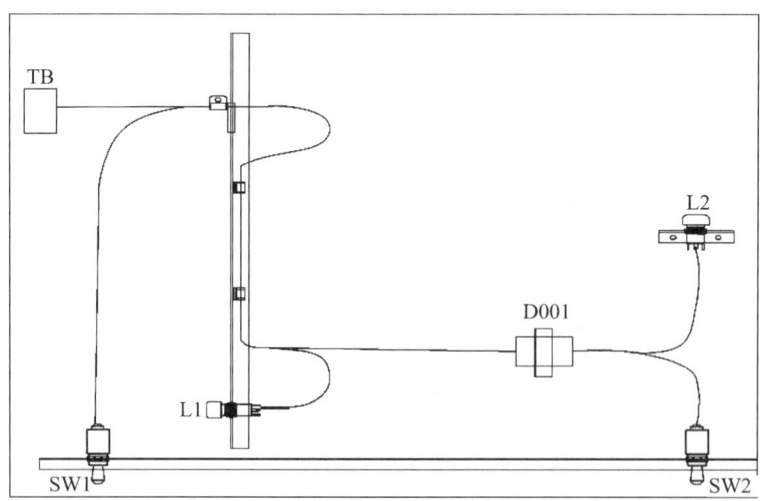

图 3-2　接线图

表 3-1 所示的评分标准为图 3-1 所示线路图的评分标准，用于判定完成质量的高低。

表 3-1　图 3-1 电气线路施工评分表

序号	考核要素	考核要求	评分标准	分值	得分
1	线路板的元器件安装	正确安装信号灯、开关/断路器，保证其朝向正确	灯组件、开关或断路器，安装不紧固，位置错误，方向错误，每处错误扣 1 分	1	
		正确选择接插件	选择了错误的接插件	1	
		正确安装墙式接插件	主键未在 12 点位置，尾附件漏装或松动填充不足，标准件漏装或松动，标准件方向及顺序错误，每处扣 1 分	2	
2	布线与捆扎固定	线束长度应正确	线束中有导线松动，线束交叉，线束弯曲的地方导线过紧，终端导线长度不一，与结构干涉相碰，不符合要求每处扣 2 分	6	
		装导线标牌	没有标识，标识错误，标识方向不一致，每处错误扣 1 分	3	
		线束走向、分支正确	线束走向、分支与图样不符，每处错误扣 1 分	2	
		正确使用绑扎系带	未固定，系带松，系带留头超差有锋利边缘，系带处电缆未做防护，每处不符合要求扣 1 分。	2	
		线规使用正确	线规使用错误，扣 1 分	1	
		正确绑扎线束	捆扎的结松动，线束中的电缆扎线数量使用不够使得线束松散，未使用丁香结，丁香结留头超差，不符合要求每处扣 1 分	3	
3	工具、设备的使用	正确检查和校验工具，并填写校验记录	未检查插针/插孔压接工具、接线端子压接工具及并头压接工具、万用表或电源的定检日期；插针/插孔开关压接工具未进行 GO-NO-GO 检查或错误操作；每次错误扣 1 分	3	
		正确使用插针/插孔压接工具	错误选择压接工具的转台/定位器，未使用定位器，压接挡位选择错误	1	
		正确使用万用表	万用表使用范围选择错误，每次错误扣 1 分	1	
		正确使用取出/送入工具	插入/拔出工具使用不正确或未使用，每次扣 1 分	2	
		用湿海绵清洁电烙铁头部并挂锡	焊前未用清洁海绵清洁和挂锡，每次扣 0.5 分	1	
		正确使用剥线工具	没有进行剥线钳的功能性检查	1	
4	剥线	剥线质量合格	断丝、刻痕、切口不整齐、拉毛、未剥线	2	

续表

序号	考核要素	考核要求	评分标准	分值	得分
5	接插件的压接和装配	插针/插孔的正确压接	观察孔无线芯,线芯未全装入压接筒,压接裸露线芯长度超出 0~0.8 mm,压痕位置距压接筒边缘超出 1~1.5 mm,错误选择针/孔,不符合要求每次扣 1 分	8	
		插针/插孔的正确安装	插针/插孔未锁定,接线脚号错误,每处错误扣 1 分	2	
6	接线端子的压接、装配	压接件压接正确	前端裸露线芯长度(0.5~1.5 mm)超差,绝缘层压接筒未夹紧导线,不符合要求每处扣 0.5 分	4	
		压接件安装正确	接线脚号不正确,接线松动,空脚螺钉未装紧	2	
7	并接头压接	压接件压接正确	观察孔无线芯,压坑未在压接筒中心,压坑未在同一平面,压裂,导线能拔出,导线绝缘层与压接筒边缘间隙超出 0.8~1.5 mm,不符合要求每处扣 0.5 分	4	
8	焊接	焊接之前,在导线上套热缩管	未套热缩管,热缩管未热缩,热缩质量不佳,每次扣 1 分	4	
		焊接缺陷	焊线脚错误,虚焊,焊线点未镀锡,绝缘层发黄,焊接点焊锡过多/不足/夹渣/气孔/不光滑,线芯未镀锡,接线根部线芯裸露过长超出 1.5 mm,接线根部有锡硬化,不符合要求每处扣 1 分	8	
		用异丙醇酒精清洁焊点	未清洁焊点,清洁不干净,不符合要求每处扣 1 分	2	
		连接松动	出现焊接点松脱的情况,不符合要求扣 2 分	2	
9	线束导通	通电前检查线路导通	出现未断开插头座、灯泡,未逐段逐线导通,排故后未对返修线路导通,不符合要求每次扣 1 分	3	
	电压检查和功能测试	电源连接及电源开关关闭	电源开关未关闭,灯泡未断开,开关及断路器未断开,电源连接极性错误,不符合要求每次扣 1 分	2	
		信号灯 L1、L2 上电压检查	测量前开关断路器未断开,L1、L2 信号灯处无电压(各 2 次),出现错误,每次扣 1 分	2	
		电路功能检查	出现在功能检查前未断开电源开关、开关断开出现逻辑功能错误,出现错误,扣 5 分	5	
10	规范、安全操作和工作场地清洁整理、多余物控制	电烙铁断电	未断开,扣 2 分	2	
		清洁工作台,清点工具	出现未清洁,工具未清点,工具材料混放,每次扣 1 分	4	
		带电操作	带电进行加工操作,每次扣 3 分	3	
		去除多余焊锡使用湿海绵清除,无抽风设施时戴口罩焊接	出现未使用湿海绵去除烙铁多余焊锡,焊接操作开始时未戴口罩,每次扣 2 分	2	

续表

序号	考核要素	考核要求	评分标准	分值	得分
		安全防护	接触清洗剂未使用手套,未对产品周边进行防护,未正确使用垃圾桶,不符合要求每次扣1分	3	
		剥线时绝缘皮无飞出	出现绝缘皮飞溅,每次扣1分	2	
		申请额外材料	出现额外申请材料,如导线、插针/插孔、接线片等,每次扣2分	2	
11	模拟	完成系统测试	未进行	2	
		总分			

通过对上面案例的分析,结合施工图纸和评分表,我们可以看到,要正确完成上面给定的题目,我们需要掌握以下几个方面的知识,也是我们要学习的重点:

(1) 识图及标准查阅能力。
(2) 元器件安装规范。
(3) 电缆成束及捆扎技能。
(4) 导线标识要求。
(5) 导线压接及焊接技能。
(6) 插头座装配技能。
(7) 接线端子安装技能。
(8) 故障排查能力。
(9) 电压、电阻测量。
(10) 专用工量具的使用。

三、标准线路施工基础知识

(一) 基本知识要求

为完成案例分析中给定的案例题目,选手要掌握以下方面的知识:

(1) SWPM 标准接线手册相关章节。
(2) ATA 第 24 章及等同内容、SWPM20 相关内容。
(3) 排故过程中涉及多个系统时,与团队其他工作人员交流的重要性。
(4) 在测试过程中安全使用测试设备。
(5) 对 LRU 部件拆卸、检查、安装和测试的正确流程。
(6) 排故时费用、时间和材料的经济影响。
(7) 适用于 LRU 部件的一般排故技术。

（8）报告故障的重要性。
（9）不同导线元器件类型及特点。

专用设备、工具、量具使用规范，典型标准线路施工工作台及工具布置如图 3-3 所示。

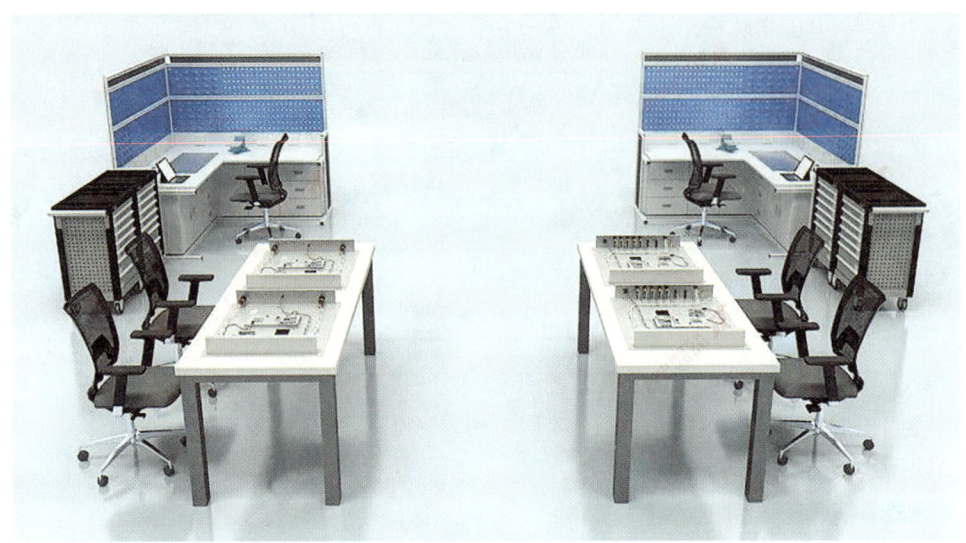

图 3-3　电气线路施工及故障排除平台

（二）导线与导线束

1. 导线的规格

导线规格规定了导线导体横截面面积的大小，就是我们常说的导线的线号。波音系列飞机上安装的导线使用美国导线规格（AWG）标识，而空客系列飞机上安装的导线同时使用两种标识，AWG 标准和英制（EN）标准。在 AWG 中，最粗电缆为 4/0，最细电缆是 46。在飞机上常用的是 AWG 4/0-30 号导线。

2. 导线束的捆扎

飞机上所有区域可以按照振动区域类型和振动级别来划分，如图 3-4 所示。振动级别 1 指无高振动，振动级别 2、3 均指高振动。对高振动区域安装的导线束必须进行防护。

振动级别 1 的振动区域位置：客舱、电子设备舱、货仓区域。振动级别 2 的振动区域位置：空调舱、尾翼、燃油箱、水平安定面、前缘襟翼、雷达罩、方向舵、吊架、后缘襟翼、轮舱、机翼机身接合部。振动级别 3 的振动区域位置：发动机核心部分、发动机短舱、APU 隔离舱。

1）使用捆扎线捆扎导线束

（1）增压区域导线束捆扎方法及要求。

飞机上的增压区域，即振动等级 2 级属于高振动区域，振动等级 3 级属于飞机上的高温高振动区域。振动等级 1 级区域可以使用直角结或平结或使用尼龙拉带捆扎导线束，振动等级 2 级区域使用防滑直角或防滑平结捆扎，振动等级 3 级区域只能使用防滑的直角结捆扎线捆扎导线束。振动等级 1 级区域也可以使用防滑直角结和防滑平结捆扎导线束。不同部位选择的不同捆扎方式如图 3-5 所示。

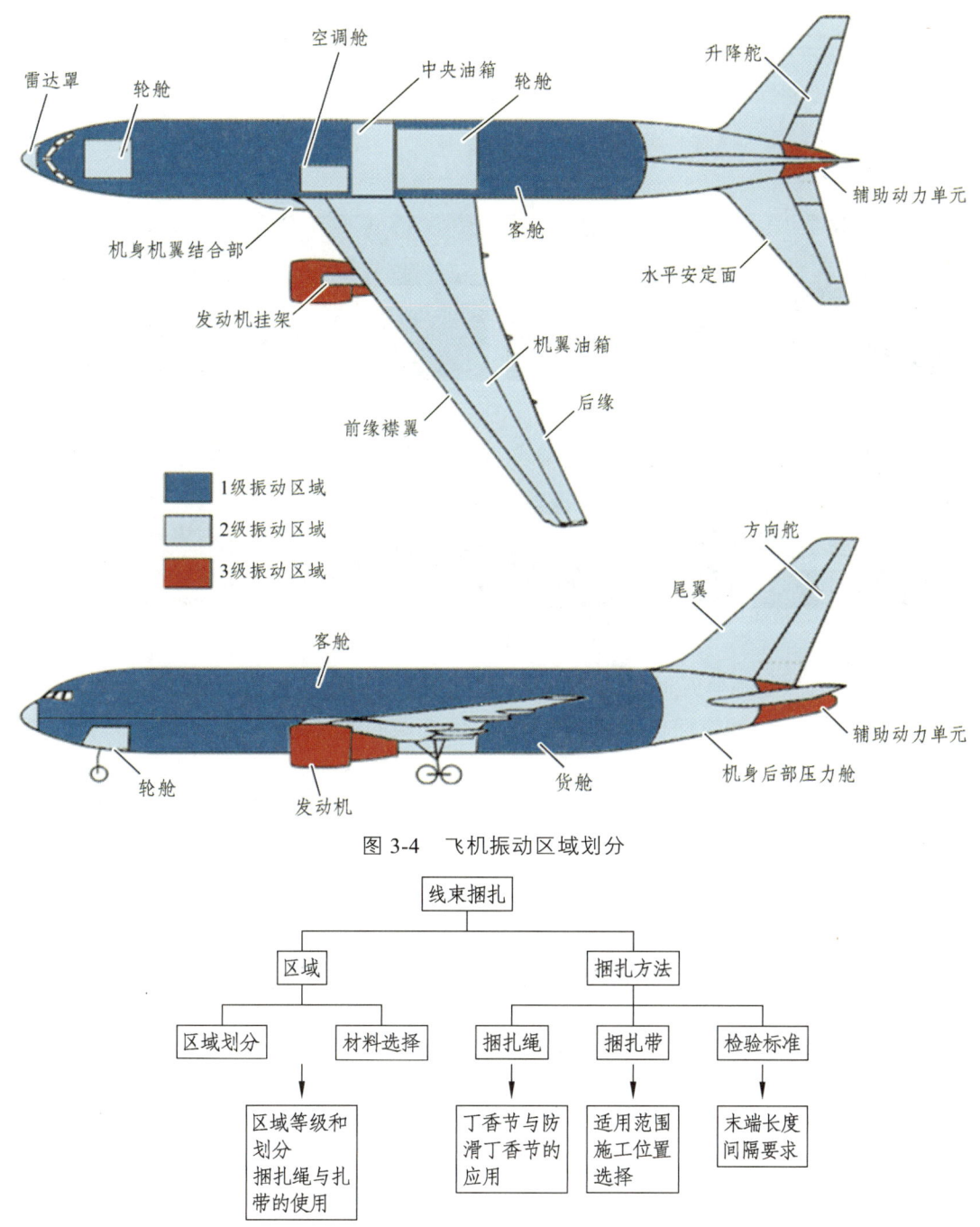

图 3-4 飞机振动区域划分

图 3-5 线束捆扎方法选择标准

在振动等级 1 级区域（增压区域）的导线束可以使用直角结（请见图 3-6a）捆扎方法和平结捆扎方法（请见图 3-6b），捆扎扣的间距是导线直径的 1.5~2.5 倍，捆扎线留头 0.125~0.5 in（3.2 mm~12.7 mm）。平结绑扎施工过程如图 3-7 所示。

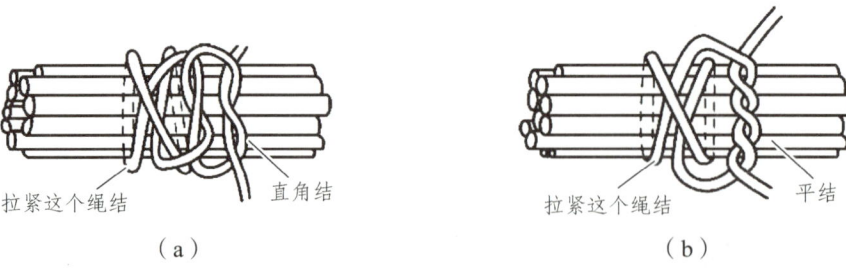

图 3-6 直角结、平结捆扎方法

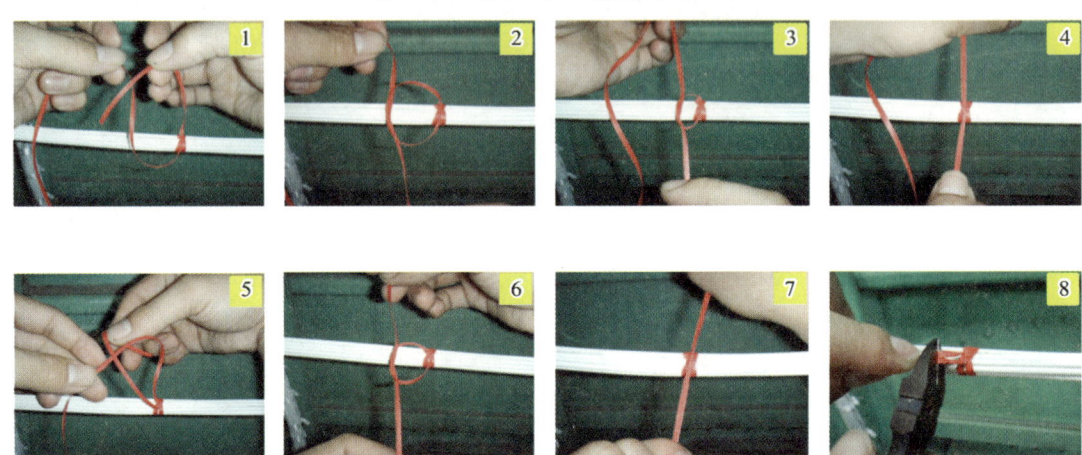

图 3-7 平结捆扎实物过程

被捆扎的导线束内部导线/电缆必须相对平行（见图 3-8），不能出现交叉现象，否则会造成导线/电缆的损伤。导线束捆扎扣必须绷紧，导线/电缆的外层绝缘不能出现变形现象。捆扎扣不允许系在被修理的导线或电缆绝缘层位置，捆扎扣可以在拼接头上捆扎，对于 AWG16 号线或更细的导线在拼接头上需要使用防护套管或绝缘套管进行防护后再进行捆扎。需要标识系统导线束隔离代码时必须使用带颜色的捆扎线进行捆扎，不允许使用带黏性胶带标识系统隔离代码。

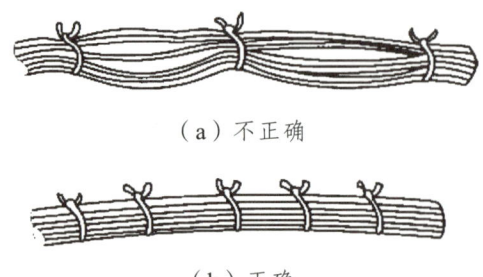

图 3-8 导线束捆扎安装

（2）高振动区域导线束捆扎方法及要求。

① 防滑丁香结里的小环最少要有一根导线，并且该导线最细应为 22 号，如果细于 22 号线，至少绕 3 根导线防止导线变形。

② 所有导线是平行的，防止导线受损。

③ 平结或医疗结是扎紧的。
④ 剪切后留下的末端长度最少有 0.25 in，如图 3-12 所示。

高振区防滑丁香结施工工程如图 3-9、图 3-10 所示。

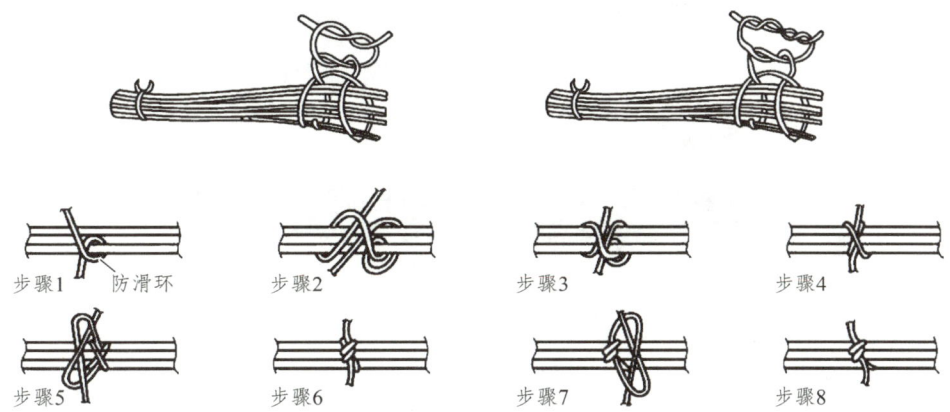

图 3-9　防滑丁香结捆扎示意图

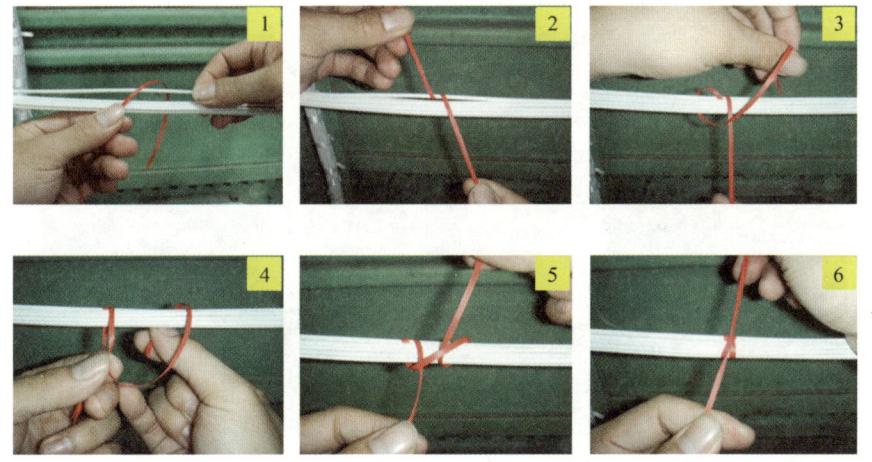

图 3-10　高振动区直角结、平结捆扎方法

（3）导线束捆扎间隔具体参数。

一级振动区域内的线束：捆扎间隔根据线束的松散情况而定，通常最大为 12 in。二级振动区域内的线束：对于 737 机型，机翼前缘的电源馈线上的捆扎间隔最大为 2 in。其余线束的捆扎间隔为 6~8 in。三级振动区域内的线束：捆扎间隔最大为 2 in。

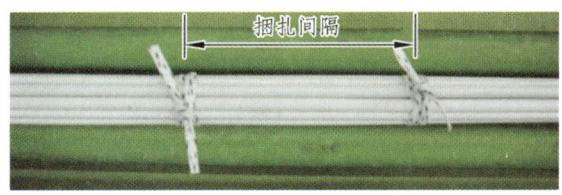

图 3-11　捆扎间隔示意图

（4）丁香结末端尺寸要求。

丁香结绑扎完成之后，末端尺寸要求如图 3-12 所示。

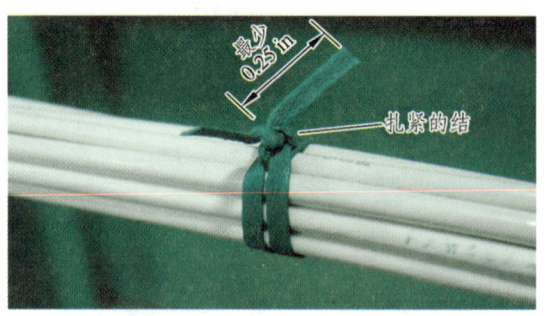

图 3-12　丁香结末端尺寸示意图

2）使用塑料扎带捆扎导线束

（1）塑料扎带使用范围。

在飞机的燃油箱区域、非增压区域、高振动区域、温度等级 C 和 D 区域、容易磨损的区域和机械传动区域禁止使用塑料扎带捆扎导线束；塑料扎带只能用在飞机的增压区域且温度等级为 A 和 B 区域内使用。塑料扎带绑扎使用案例如图 3-13 所示。

图 3-13　塑料扎带绑扎示意图

（2）塑料扎带绑扎施工。

在安装塑料尼龙扎带过程中应使用塑料扎带枪操作，根据导线束直径选择塑料尼龙扎带的型号，根据塑料尼龙扎带的型号选择扎带枪的件号。扎带枪使用前必须调节挡位以确保合适的力度捆扎导线束；如果扎带枪力度过大，会损坏塑料扎带头或损坏导线；扎带枪的力过小就会导致导线束松脱等现象。如果由于某些原因无法使用塑料扎带枪时，例如操作空间狭小，可以人工拉紧塑料拉带。常用的 GS2B 扎带枪如图 3-14 所示。

扎带枪在使用之前必须调节。根据使用的拉带不同，调节拉带枪的挡位或者紧度。根据塑料拉带宽度的不同，选择拉带枪的不同调节挡位，给予塑料拉带不同力，塑料扎带枪使用如图 3-15 所示。

图 3-14　GS2B 塑料扎带绑扎枪

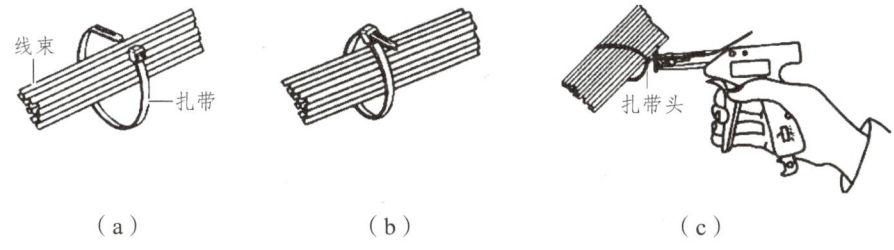

图 3-15　塑料扎带枪使用示意

利用塑料扎带绑扎束线的具体施工过程如图 3-16 所示。

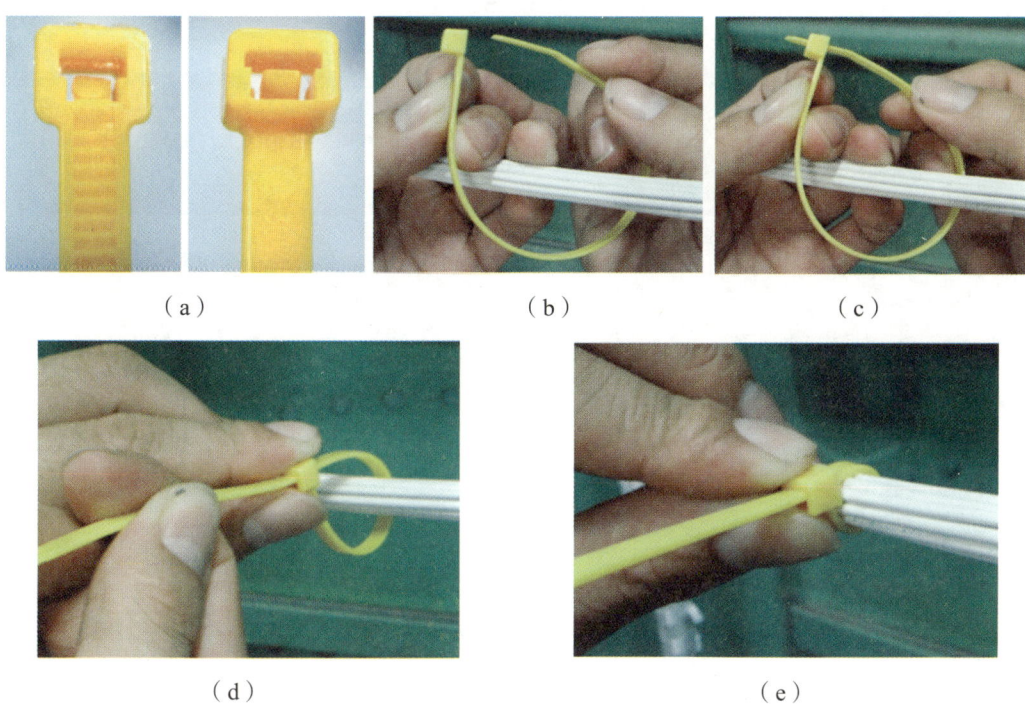

图 3-16　塑料扎带捆扎方法示意图

塑料扎带结必须使用塑料扎带结拆除工具去除。按照塑料扎带的件号选择塑料扎带结拆除工具，如果没有可以使用剪钳来替代；剪切后扎带剩余长度标准如图3-17所示。

 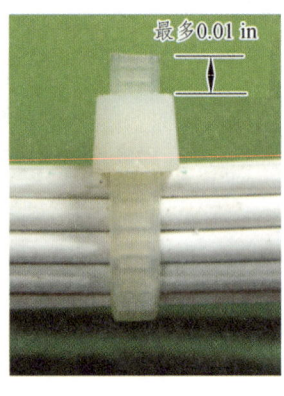 

(a) 正确　　　　　　　(b) 多余部分长度过长　　　　(c) 锋利的边缘

图3-17　塑料扎带捆扎标准

（三）拼接管的施工

1　常见拼接管组成

拼接管（又名拼接头）在电路中起到连接通路的作用，还用于导线或电缆的修理，使用中应根据手册的要求选择不同类型的拼接管。防水拼接管和预置绝缘拼接管的实物及在导线修理中的使用如图3-18所示。

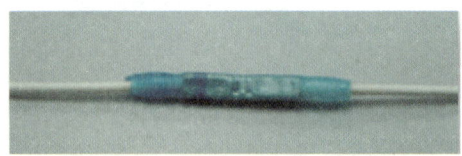 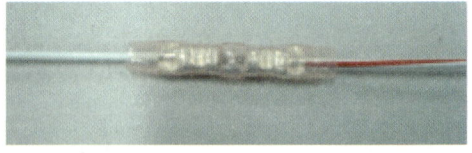

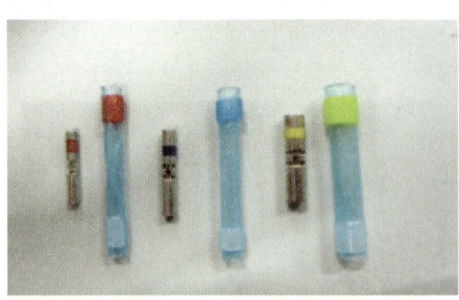 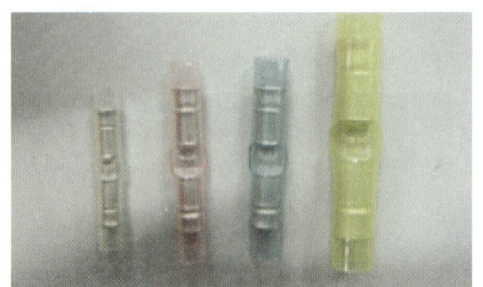

(a) 防水拼接管套件　　　　　　　　　(b) 预置绝缘拼接管

图3-18　拼接管实物

一个完整的防水拼接管由对接拼接管和热缩管两部分组成，其详细的结构组成如图3-19所示。

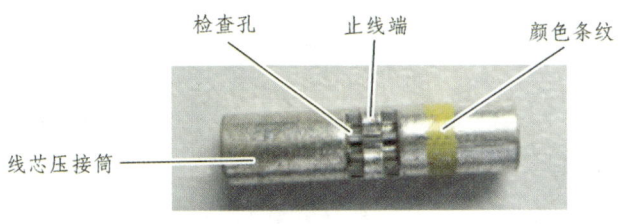

(a)对接拼接管

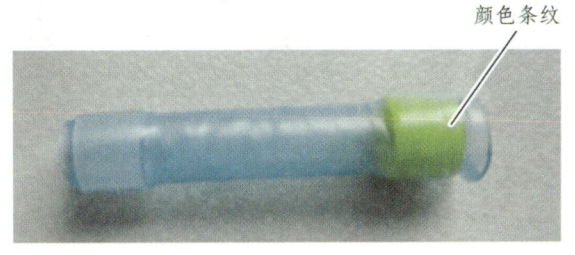

(b)热缩管

图 3-19　防水拼接管结构

一个完整的预置绝缘拼接管由对接拼接管和绝缘管两部分组成,其详细的结构组成如图 3-20 所示。

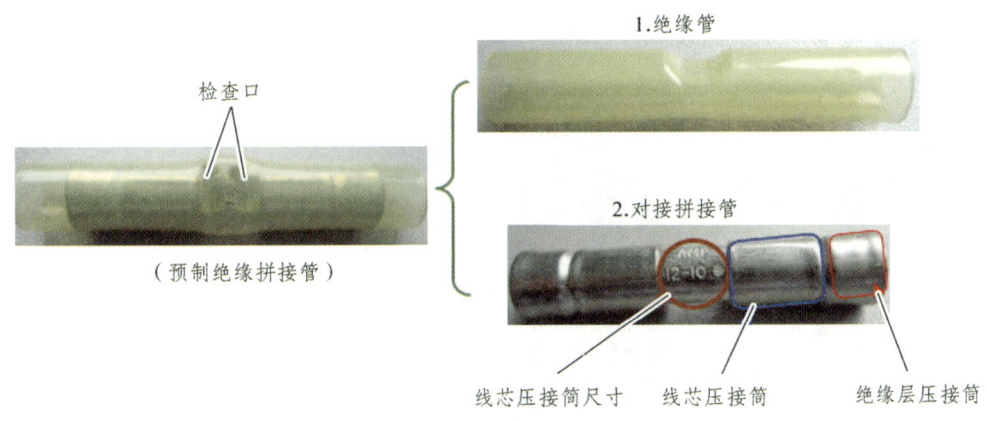

图 3-20　预置绝缘拼接管的结构

2. 拼接管的压接施工

AMP 公司生产的 59250、59275、AD1377 等手动压接工具,如图 3-21 所示。

在 T 形压接工具的手柄上用颜色标识工具的压接范围;绝缘调节指示用来控制绝缘筒的压接力度,有 4 个位置,应根据导线外层绝缘的直径来选择;T 形压接工具也有定位、快速弹起扳机和代码颜色信息;具备防倒转棘轮功能,压接工作完成后压接工具手柄才能释放,为了保证压接的可靠性,防倒转棘轮不能调整。

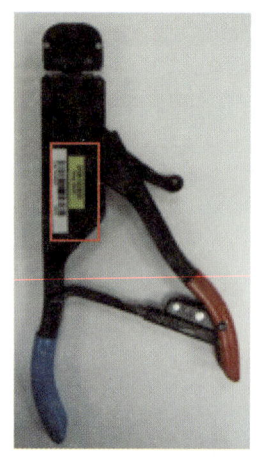 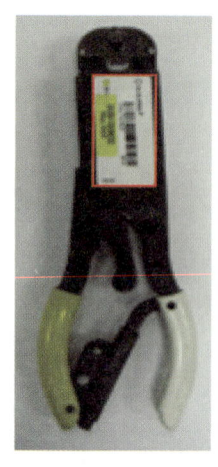 

（a）P/N:59250　　　（b）P/N:59275　　　（c）P/N:AD1377

图 3-21　常用拼接管压接工具

根据拼接管的结构，去除导线上的绝缘层，导线芯线不能出现断丝和划痕。将拼接管放到压接工具的压接模块上，压接工具的定位卡住拼接管的观察孔，观察孔向上与压接工具顶部平行，按压压接工具手柄使模块固定住拼接管，但不能使拼接管压线筒变形，将去除绝缘的导线送入拼接管的压线筒直至导线芯线顶到拼接管止位端，挤压压接工具手柄使棘齿到达力矩时释放，完成拼接管的第一次压接。将拼接管调转方向放到压接工具的压接模块上，参照拼接管第一次压接程序完成拼接管的第二次压接。拼接管压接完成后执行目视检查程序。

AD1377 手动压接工具，适用于压接防水拼接管，其结构组成和适用的压接拼接管如图 3-22 所示。

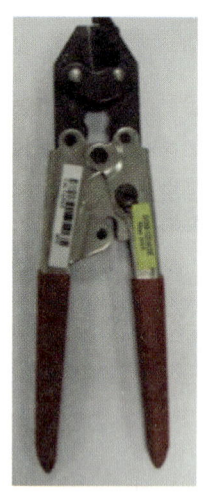  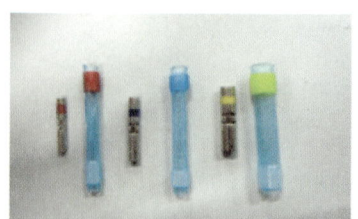

（a）压接钳　　　　（b）钳口　　　　（c）适用的拼接管

图 3-22　AD1377 手动压接工具

在用压接工具压接防水拼接管时，需要满足如下压接工艺要求（见图 3-23）：

（1）剥线工具和剥线长度要符合手册的要求。

（2）使用正确的工具压接。

(3)压接后通过检查孔可以看到线芯。
(4)导线的绝缘层不能进入拼接管的压接筒。
(5)压接后导线的绝缘层的末端与拼接管的末端的间隙要符合手册的要求。

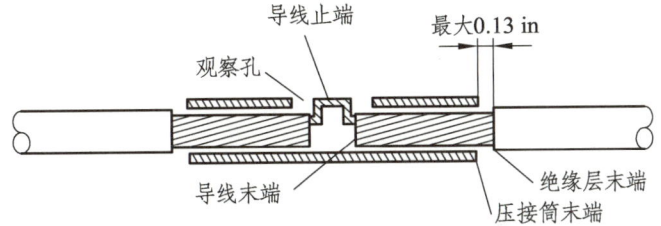

(a)一根导管在拼接管中的位置

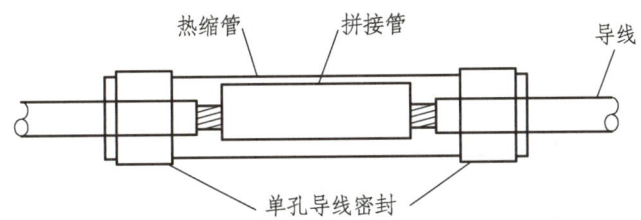

(b)一根导线在热缩管中的位置

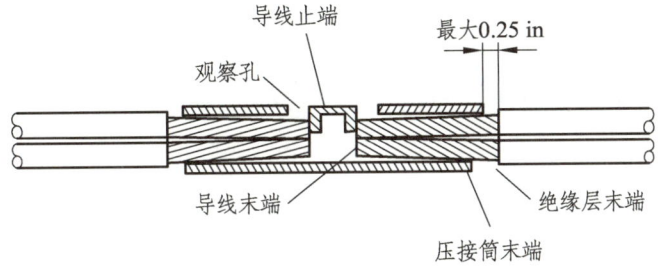

(c)两根导管在拼接管中的位置

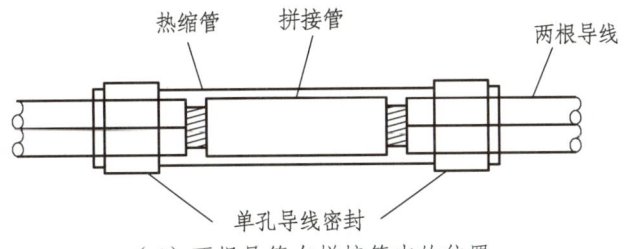

(d)两根导管在拼接管中的位置

图 3-23　防水拼接管压接工艺要求示意图

拼接管压接和热缩管热缩过程中可能出现的常见问题如图 3-24 所示。

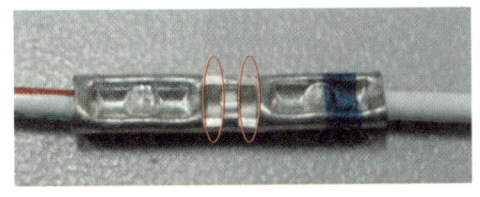

(a)检查孔看不到导线的线芯

(b)压接痕迹与检查孔不在同一平面

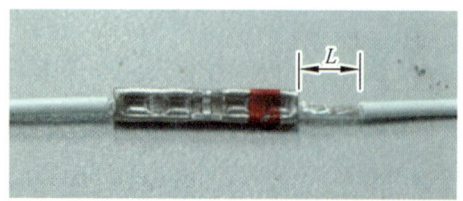
（c）露出的导线线芯过长

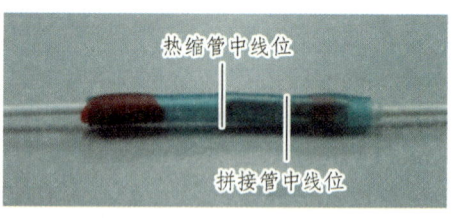
（d）热缩管与拼接管的中线没对齐

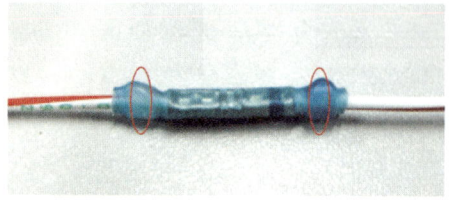
（e）热缩管固化物没有完全融化

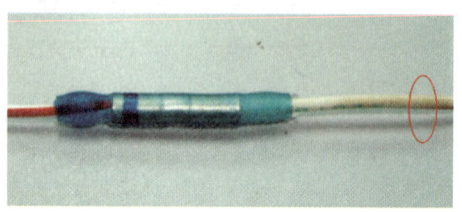
（f）导线有明显烧焦痕迹

（g）拼接管与热缩管颜色代码不一致

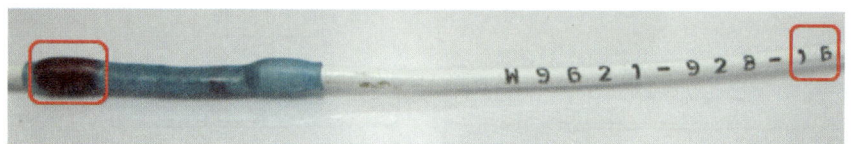
（h）选择的防水拼接管与导线尺寸不匹配

图 3-24　防水拼接管施工错误案例

压接工具 59250，属于 T 形头类型压接工具，又名红蓝钳。其结构组成和适用的压接拼接管如图 3-25 所示。

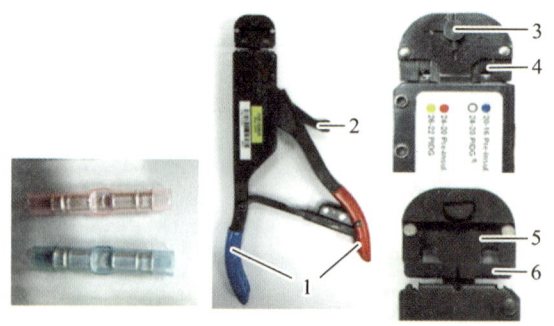

1—手柄；2—扳机；3—模块压接松紧度调节定位螺丝；4—绝缘压接筒压接模块；
5—线芯压接筒模块；6—定位器。

图 3-25　压接工具 59250

在民用航空器进行日常维护工作、排故和修理导线/电缆时，经常使用一些热缩管、冷缩管、绝缘防磨胶带、防护套管、填充物和捆扎线等消耗材料，这些消耗材料是根据温度等级和抵抗液力油腐蚀能力等级来选择的，尤其是热缩管需要使用热风枪进行施工，如图 3-26 所示。

根据消耗材料的温度等级和抵抗液力油腐蚀能力等级选择热缩管，根据热缩后的热缩管长度最少增加 10% 截取热缩管的长度，根据工作要求选择合适的热风枪，在热缩管的每侧末端使用开口的特氟龙套管或榆皮纸最少延伸 1 in 进行防护，防止导线或电缆出现过热损伤，在导线或电缆上的所有防护套管末端直接接触热缩管末端并随着热缩管收缩调节移动。热风枪到达设定温度后预设 15 s，在需要安装热缩管的位置放置热缩管，热风枪枪口距离热缩管最少 3 in，在热缩管某点中心加热 5～10 s，在任何一点加温不能超过 20 s，如果热缩管没有完全收缩，待导线或电缆冷却 5 min 后再次施工直至完成热缩工作。热缩管在施工中先吹热缩管中间部分，把热缩管固定以后再向两侧移动热缩直至收缩到位；反射头是一种附件，可以保证被加热对象的均匀受热。

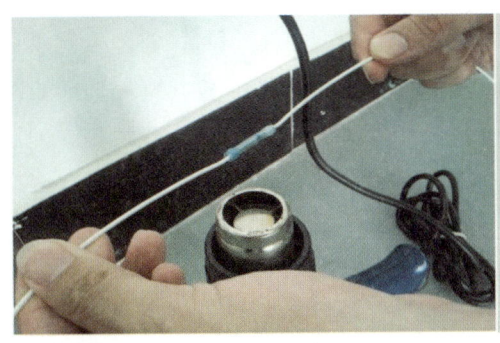
（a）

（b）

图 3-26　密封拼接管的热缩管加热施工

1）热缩管加热要求

（1）热缩管与拼接管的中线对齐。

（2）加热时不可使导线或热缩管烧焦变色。

（3）热缩管加热到两边内的密封胶融化并溢出即可。

2）使用热风枪时注意事项

（1）飞机在加放油时离加油车 100 英尺内不可使用。

（2）在油箱内不可使用。

（3）离易燃液体 100 英尺内不可使用。

（四）普通连接器的识别与施工

1. 连接器类型

连接器按照不同的分类标准，可以分为以下几类：

按衔接方式分：螺纹式、快卸式、自锁式。按接触器的拆装方式分：前退式、后退式。按形状分：有圆形、方形以及特殊形。

MIL-C-26500 类型系列连接器属于压接类型前退式连接器。该系列连接器可以抵抗很多溶剂的侵蚀，被应用于飞机的很多系统中，如电子设备架、飞机发动机和防火系统。民用飞机上经常使用的 MIL-C-26500 标准 BACC45 系列圆形连接器，如图 3-27 所示。

（a） （b） （c）

图 3-27 连接器实物图

2. 连接器的件号识别

图 3-28 所示为波音 BACC45FN/FT 系列连接器的件号结构。其中图中的 A、B、C、D、E 表示为尾夹结构类型，不同字母表示的具体含义见图。

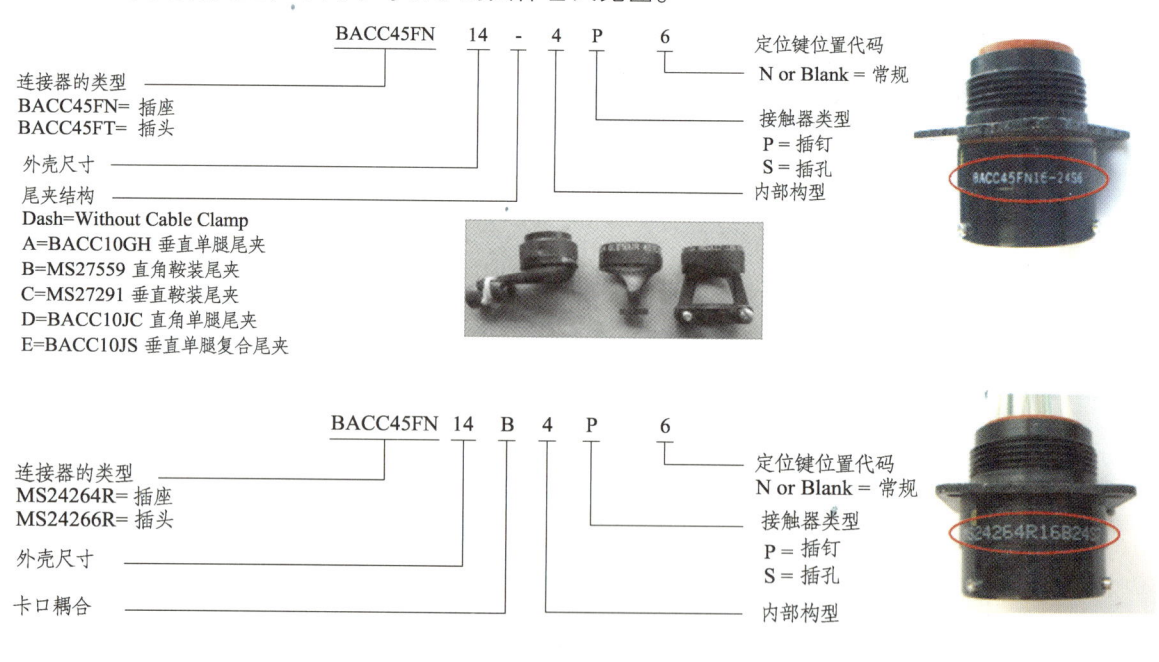

图 3-28 BACC45FN/FT 连接器件号识别

3. 连接器插入构型识别

插入构型表示的是连接器内部插针或者插孔的分布信息。在波音系列民用航空器上安装的圆形插头/插座内部插钉/插孔的标识方法有两种方式：一种是数字位置标识，是连续标识，每到 X0 位置使用（ ）进行标注，便于查找，例如：（20）；另一种是字母位置标识，是断续标识，供应商在制造时将磨损后容易与其他标识相混淆的字符去掉，如"I""O"。我们结合图 3-29 所示加以理解。

孔位的正确识别是接触器拆装的关键。

▶ 数字标识：
- 第一孔和最后孔有数字标识；
- 有一条导引线；
- 逢十倍数有一圈括号（ ）。

▶ 字母识别：
- 有大小写；
- 大写字母缺 I、O、Q；
- 小写字母缺 o、l。

前视图　　　　　　后视图

图 3-29　连接器的内部构型

图 3-29 表示的是 BACC45FN20-25PN 连接器。从连接器的件号中可以获取插入构型（Insert Configuration）信息。例如，件号为 BACC45FT20-25PN 的连接器，通过插入构型信息 20-25，我们可以得到连接器的内部构型为具有 19 个规格为 20 的插钉空腔和 6 个规格为 12 的插钉空腔，如表 3-2 和图 3-30 所示。

表 3-2　20-25 构型信息

Insert Configuration（插入构型）	Contact Cavity（接触器孔）		Reference（参考）
	Count（数量）	Size（尺寸）	
20-25	19	20	Figure 68
	6	12	

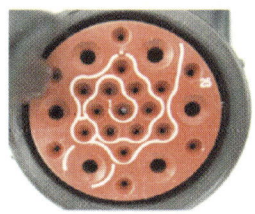

后视图

前视图

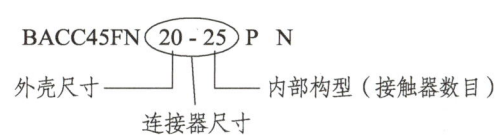

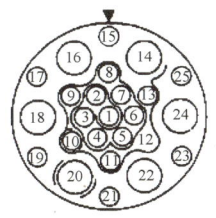

图 3-30　连接器的内部构型　　　　　视频：连接器识别

4. 连接器的密封

我们知道每种不同构型的连接器，内部都一一对应了相关的插针或者插孔，但是在实际使用过程中，并不代表所有的孔位都一定安装了插针或者插孔，对于那些空着的孔位，为了防尘、防潮、防腐，就需要安装密封条/密封塞，具体要求可以参考 SWPM20-61-11 和 20-60-08，如图 3-31 所示。

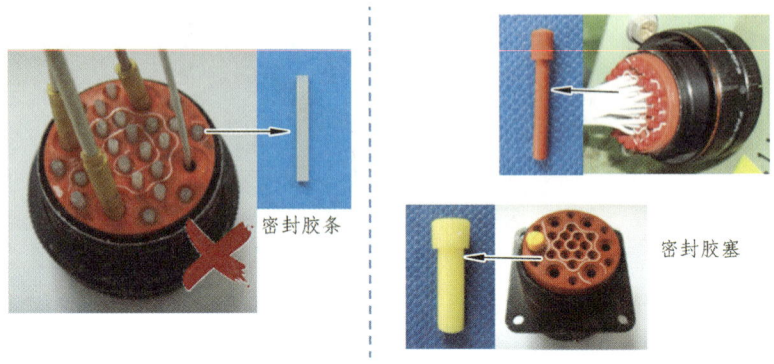

图 3-31　连接的密封

5. 接触器的施工

接触器由插针（Pin）和插孔（Socket）构成。其按装拆方式分：前退式（Front Release）和后退式（Rear Release），前退式连接器插针/插孔构型如图 3-32 所示，后退式连接器插针/插孔构型如图 3-33 所示。

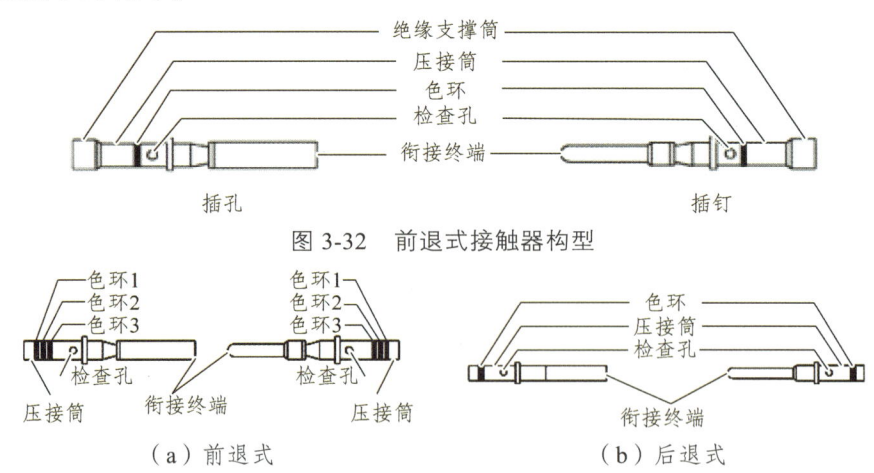

图 3-32　前退式接触器构型

（a）前退式　　　　　　（b）后退式

图 3-33　后退式接触器构型

按插钉镀层材料分有镀金钉、局部镀金钉、镀铑钉。连接器插钉具有色带标识，波音标准插钉通常使用一个色环或两个色环标识，色环颜色具有插钉规格含义，美军标插钉通常使用三个色环标识，色环颜色不具有插钉规格含义。

6. 接触器的压接

1）选择合适的压接工具

（1）选择正确的压接工具，注意检查工具的校验日期及外观。

（2）根据连接器的件号查找到手册相应章节的相关内容。
（3）根据导线尺寸及接触器的尺寸选择相应的压接工具。
（4）压接工具由钳体及定位器组成。
（5）压接工具代码用于选用的替代工具。

图 3-34 所示的 M22520/1 手动插针/插孔压接工具是标准的插钉/插孔压接工具，适用于 AWG12-26 号线插钉/插孔的压接，通过更换插钉压接工具的 16 个定位器（又称塔头）可以适用于军标或飞机生产厂和附件修理厂商不同类型的连接器的插钉/插孔压接。

定位器拆除程序（请见图 3-34 所示），按压压接工具手柄到达力矩值时，防倒转棘轮复位自动将压接工具处于打开位，压接工具平放在桌面上并定位器朝上，向里推定位器旋转 90º 即可取下定位器。定位器安装程序通过导线和电缆的线号选择合适的压接插钉/插孔，将定位器插入锁盘扭转 90º，取下压接线号选择盘上的保险卡子，选择合适的压接挡位到 SEL.NO 指示线上并到位，按压压接工具的手柄操作压接工具必须完成一个压接循环，待压接工具的模块到达压接力矩时防倒转棘轮释放使压接工具复位。

AF8（M22520/1-01）手动插钉/插孔压接工具有 8 个压接挡位，与其他压接工具相同的是它有防倒转棘轮，只要压接工作开始就必须等到压接工具到达压接力矩后才能倒转。

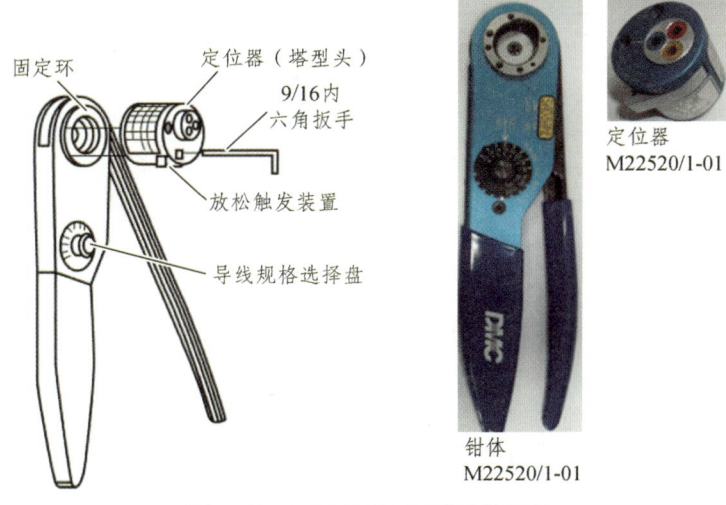

图 3-34　M22520/1 系列压接工具

2）M22520/1-01 或 M22520/2-01 操作程序

在波音系列飞机上假设导线 AWG 线号是 22 号，插钉压接筒号是 20 号；根据导线 AWG 线号 20 号在表 3-3 中所示，从导线末端去除需要的长度是 0.19±0.02 in（见图 3-35）。根据导线 AWG 线号 22 号和插钉/插孔压接筒 20 号，选择压接工具为 M22520/1-01 或 M22520/2-01，根据插钉/插孔的型号选择定位器为 M22520/1-02 或 M22520/2-02，将绝缘去除工作完成的导线放入压接筒进行测量，要求从观察孔中必须看到芯线，如果导线绝缘层不能进入插钉的绝缘筒或插钉没有绝缘筒，压接筒末端距离导线绝缘层末端最大 0.03 in（见图 3-36a）；如果插钉有绝缘筒，导线的绝缘尽可能地进入绝缘筒（见图 3-36b）。将压接工具的定位器安装在压接工具上，按照插钉/插孔号选择 20 号钉位置（红色）并锁定位置，按照 AWG 线号 22 线选择压接工具的压接挡位。如果使用 M22520/1-01 压接工具（见图 3-37）或 M22520/2-01 压接工具（见图 3-38），将插钉/插孔放入压接工具的定位器，将绝缘去除完成的导线插入插钉/插孔的压接筒，按压压接工具的手柄待到达压接力矩时，防倒转棘轮复位反转，压接工具手柄自动释放，从压接工具的定位器中取下压接完成的插钉/插孔。压接具体过程如图 3-39 所示。

表 3-3　绝缘层去除长度举例

线号（AWG）	夹接筒号	去除长度/in		专用说明
		目标值	误差	
24	20	0.19	±0.02	—
		0.28	±0.02	只使用 ZZL-4（ ）20-10（ ）插钉
	16	0.50	±0.03	导线芯线回折
22	20	0.19	±0.02	—
		0.28	±0.02	只使用 ZZL-4（ ）20-10（ ）插钉
	16	0.50	±0.03	导线芯线回折

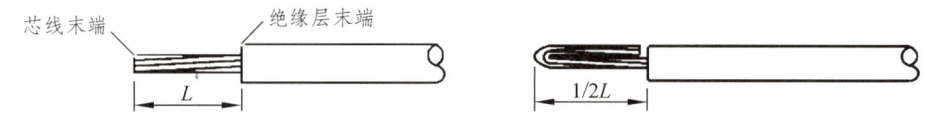

图 3-35　导线绝缘层去除长度

图 3-36　导线绝缘层去除长度介绍

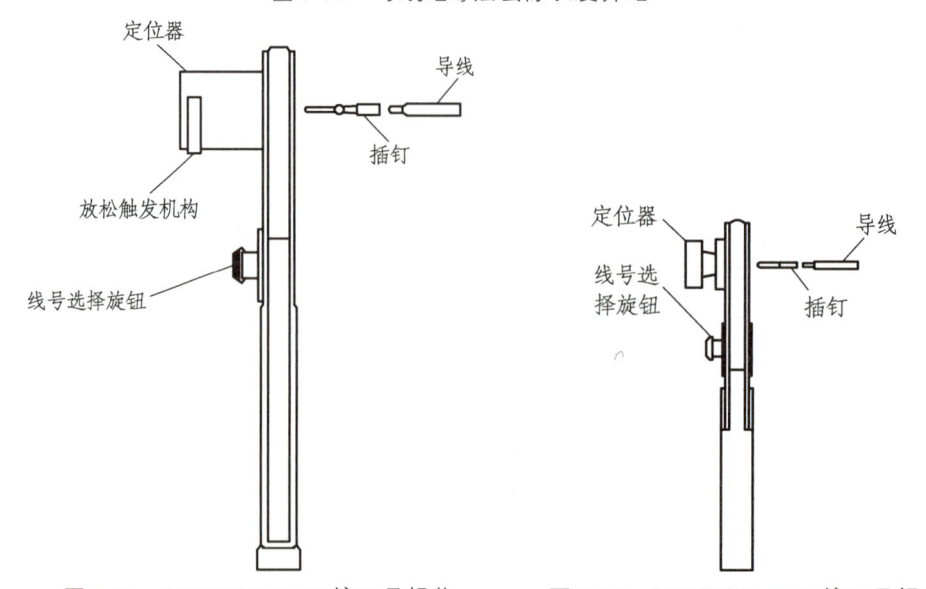

图 3-37　M22520/1-01 压接工具操作　　图 3-38　M22520/2-01 压接工具操作

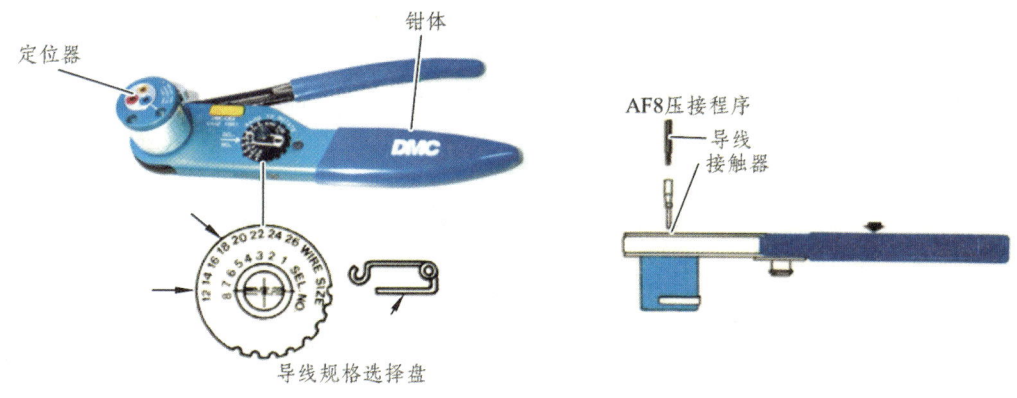

图 3-39 AF8 压接程序

注意：

先确保压接工具的钳体处于完全释放的状态，然后才进行工具的调节设置。

要根据导线尺寸和接触器尺寸调节正确的设置号码，否则会造成导线的松脱或者断丝。

3）压接后的目视检查

在波音系列飞机上插钉/插孔夹接工作完成后目视检查插钉/插孔的夹接位置和尺寸，从观察孔中看到芯线必须到达观察孔位置，压接筒压接模块痕迹在压接筒中心并受力均匀，不能出现金属撕裂的痕迹；插钉/插孔夹接完成后不能出现弯曲现象，导线绝缘末端距离夹接筒末端要小于 0.03 in，如果导线绝缘末端距离夹接筒末端要大于或等于 0.03 in，需要使用热缩管进行防护。

压接施工中，可能出现的问题如下：

（1）通过检查孔可以看到线芯，但线芯不能伸出检查孔，如图 3-40 所示。

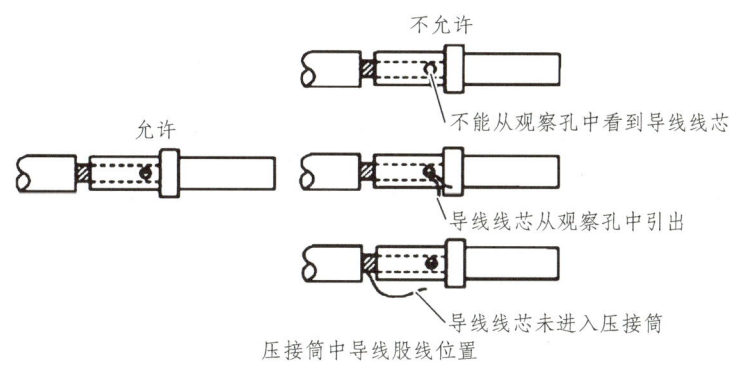

图 3-40 线芯长度检查要求

（2）所有线芯丝都要进入压接筒，如图 3-41 所示。

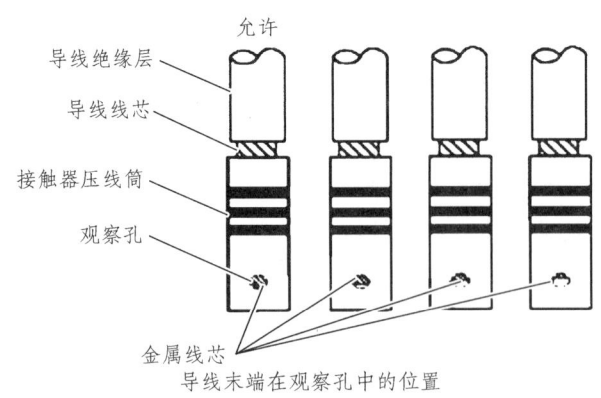

图 3-41 线芯丝检查要求

（3）压接筒末端与导线绝缘层末端的间距要符合要求，如图 3-42 所示。

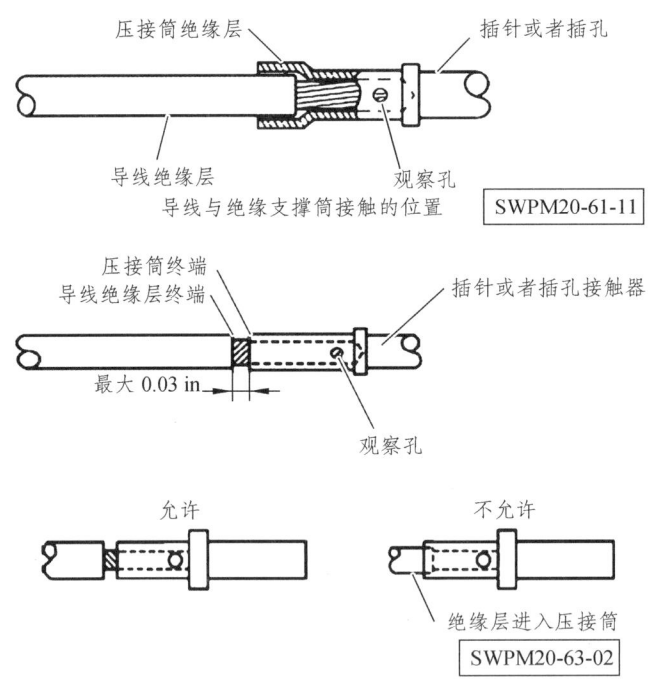

图 3-42 导线绝缘层末端与压接筒末端间距要求

（4）压痕要均匀清晰，不能有重复压痕，如图 3-43 所示。

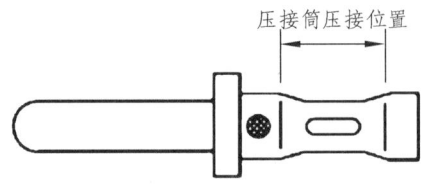

图 3-43 压接筒压痕标准

（5）接触器要直，不能有过大的变形，如图 3-44 所示。

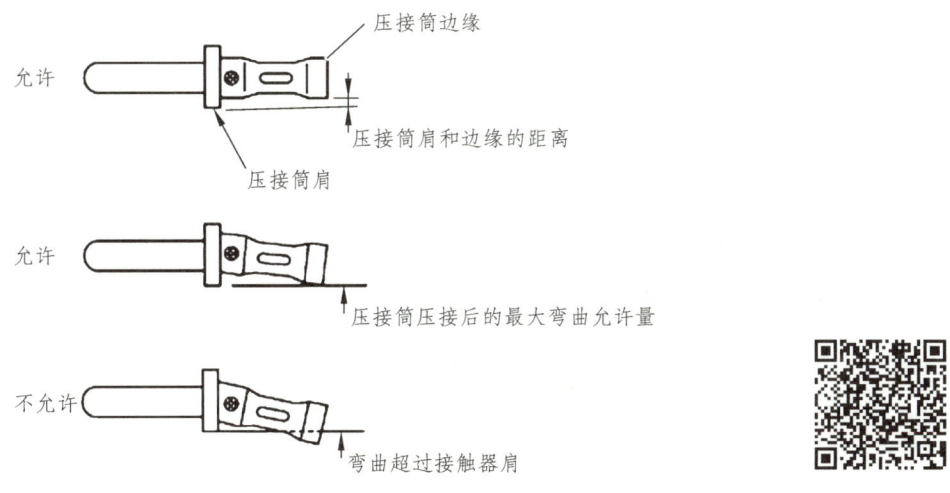

图 3-44 接触器允许的变形范围　　　　　视频：插钉压接

7. 接触器的拆装

1）拆装（退出/送入）工具选择

拆装工具的选用的一般步骤如图 3-45 所示，可以参照图示的方法选择需要的工具。

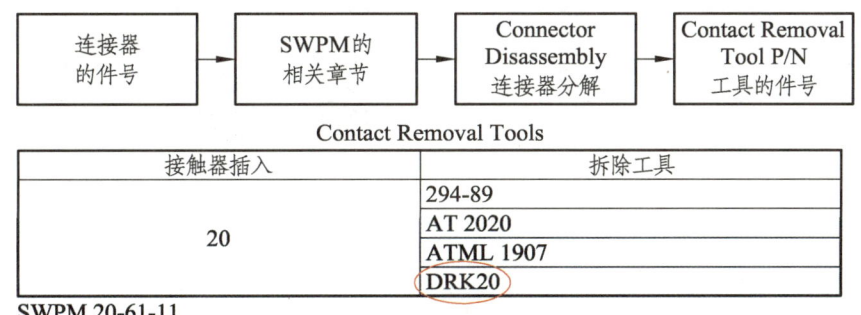

图 3-45 退出工具选用步骤图解

2）拆装步骤

插钉/插孔压接筒里的导线是需要去除绝缘层的，能进插钉/插孔绝缘杯的导线绝缘层要进绝缘杯，无法进入绝缘杯或插钉/插孔没有绝缘杯的要保持绝缘杯末端或压接筒末端距离导线绝缘层最大为 0.03 in。模块压接位置位于压接筒中央。连接器内部一对插钉/插孔连接的物理结构表明了连接器如何进行电气连接，电气连接是靠插钉的外表面与插孔的内表面进行近似于零电阻的连接；如果维护工作中出现不正确的施工方法会导致插钉的外表面或插孔的内表面出现损伤，这就是造成连接器故障或损坏的一个重要的原因。所以要求维护人员在测量连接器插钉/插孔时要使用转接线进行防护，使用连接线与连接器接触，禁止使用仪表表笔或金属丝，以及损坏插钉的外表面或插孔的内表面。

（1）拆装中的注意事项：

① 不可使用出现如下有缺陷现象的工具，否则将损坏连接器：工具尖端弯曲、工具尖端向外展开、工具尖端断裂、工具尖端有裂纹；

② 工具与接触器孔所在平面应垂直；

③ 工具的尖端与接触器接触的位置应正确；

④ 退送用力要适度；

⑤ 检查接触器是否安装到位并完全锁定。

（2）退钉/送钉工具。

M81969/17-××退钉/送钉工具是适用于各种军标航空前退钉连接器的退钉/送钉工具，适用于16-20插钉/插孔的退钉/送钉工作，如图3-46（a）所示。

M81969/14-××退钉/送钉工具是适用于各种军标航空后退钉连接器的退钉/送钉工具，适用于12-22插钉/插孔的退钉/送钉工作，如图3-46（b）所示。

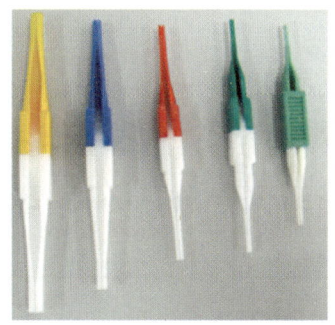 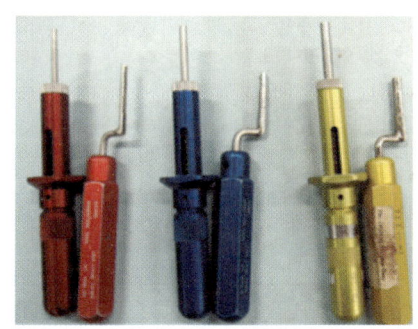

（a）后退后送工具　　　　　　（b）前退后送工具

图 3-46　拆装工具实物图

（3）前出式接触器送入步骤。

根据导线的外层直径选择合适的送钉工具，将夹接完成的插钉/插孔的夹接筒卡在送钉工具的卡槽上（见图3-47），用大拇指按压送钉工具的卡槽上，将送钉工具和连着导线的插钉/插孔送入需要插入的连接器的位置，插钉/插孔与连接器密封橡胶接触平面四个方位相互垂直直至推不动为止，送钉工具在向前推动过程中不允许左右扭动送钉工具，以免将连接器内部锁定插钉/插孔的金属锁损坏；当退钉工具到达指定位置时，可以听到清脆的"咔哒"声响，说明插钉/插孔已经送到位，从连接器中拔出送钉工具；轻轻向后拉扯导线插钉/插孔不被拉出连接器，说明连接器送钉程序已经完成；如果需要检查插钉/插孔的保持力矩请参照插钉/插孔的保持力测试程序。如果听不到"咔哒"或将导线连钉拉出连接器，将送钉工具和连着导线的插钉/插孔在连接器外部旋转一个角度并重复上述步骤直至完成送钉工作；如果反复几次没有成功，请确认连接器是否属于前退钉的连接器，如果是请检查选择的送钉工具的件号是否正确，如果送钉工具没有问题说明连接器出现了问题必须更换有问题的连接器。

（4）前出式接触器退出步骤。

根据连接器的内部插钉/插孔的钉号选择合适的退钉工具，将退钉工具在连接器的正面需要退出插钉/插孔的位置插入连接器（见图3-48），退钉工具与连接器接触平面四个方位相互垂直直至推不动为止，退钉工具在向前推动过程中不允许左右扭动退钉工具，以免将连接器内部锁定插钉/插孔的金属锁损坏；当退钉工具到达指定位置时，将锁定插钉/插孔的金属锁打开，向前推动退钉工具上的滑块将插钉/插孔退出连接器。当向前推动退钉工具上的滑块没有反应时，说明连接器锁定插钉/插孔的金属锁没有打开，请拔出退钉工具在连接器外部旋转一个角度重复上述步骤直至将插钉/插孔退出连接器，如果反复几次没有成功，请确认连接器是否属于前退钉的连接器，如果是请检查选择的退钉工具的件号是否正确，如果退钉工具件号没有问题请检查退钉工具前部退钉端有无磨损或变形，如果退钉工具没有问题说明连接器已经出现了问题必须更换有问题的连接器。

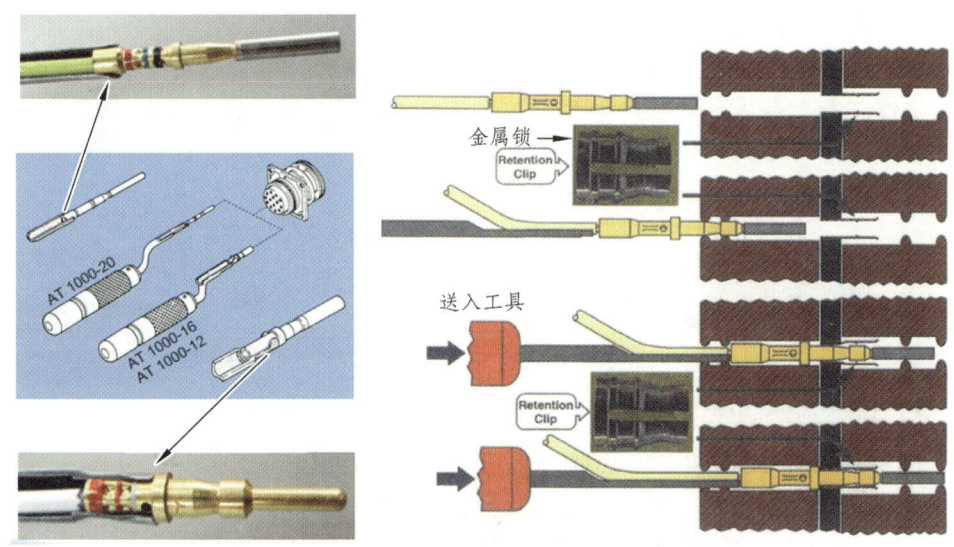

图 3-47　前出式接触器送入步骤

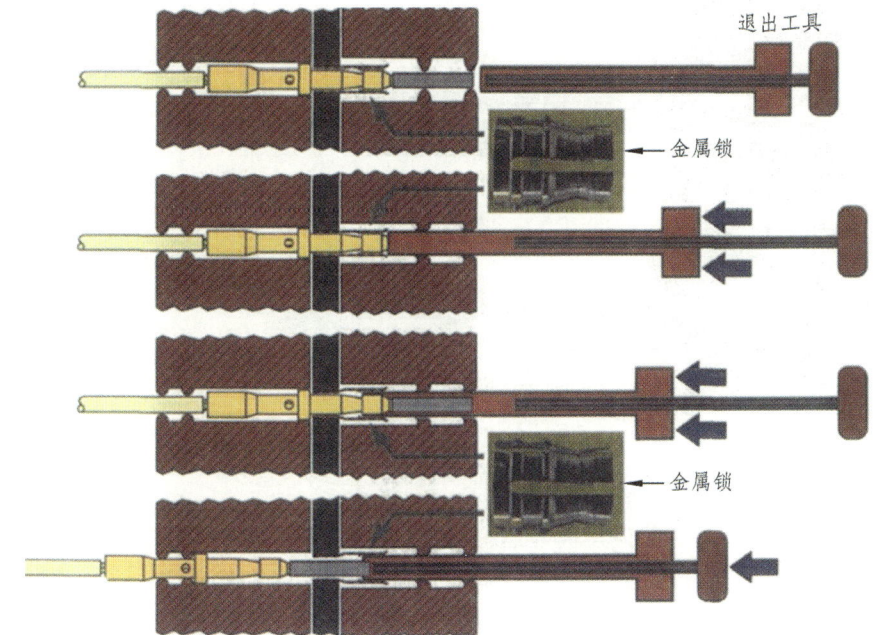

图 3-48　前出式接触器退出步骤

(5)后退连接器的送钉步骤。

根据连接器内的内部插钉/插孔夹接筒的型号选择合适的送钉工具,将送钉工具顺入需要送的插钉/插孔的导线上(见图 3-49),将退钉工具移动到插钉/插孔夹接筒的后肩部,沿着导线向前移动到导线与连接器的密封橡胶处,将送钉工具连同插钉/插孔和导线从连接器后面插入需要进入连接器的位置,送钉工具与连接器接触平面四个方位相互垂直并沿着导线的纵轴方向向前推动插钉/插孔,送钉工具在向前推动过程中不允许左右扭动送钉工具,以免将连接器内部锁定插钉/插孔的金属锁损坏;当送钉工具到达指定位置时,送钉工具无法向前移动,按住导线从连接器中拔出送钉工具,轻轻向后拉扯导线插钉/插孔不被拉出连接器,说明连接器送钉程序已经完成。如果需要对插钉/插孔的保持力矩进行检测,请参照插钉/插孔的保持力测试程序;如果将导线连插钉/插孔拉出连接器,将送钉工具在连接器外部旋转 90°重复上述步骤直至将插钉/插孔送入连接器;如果反复几次没有成功,请确认连接器是否属于后退钉的连接器,如果是请检查选择的送钉工具的件号是否正确,如果送钉工具没有问题说明连接器出现了问题必须更换有问题的插头或插座。

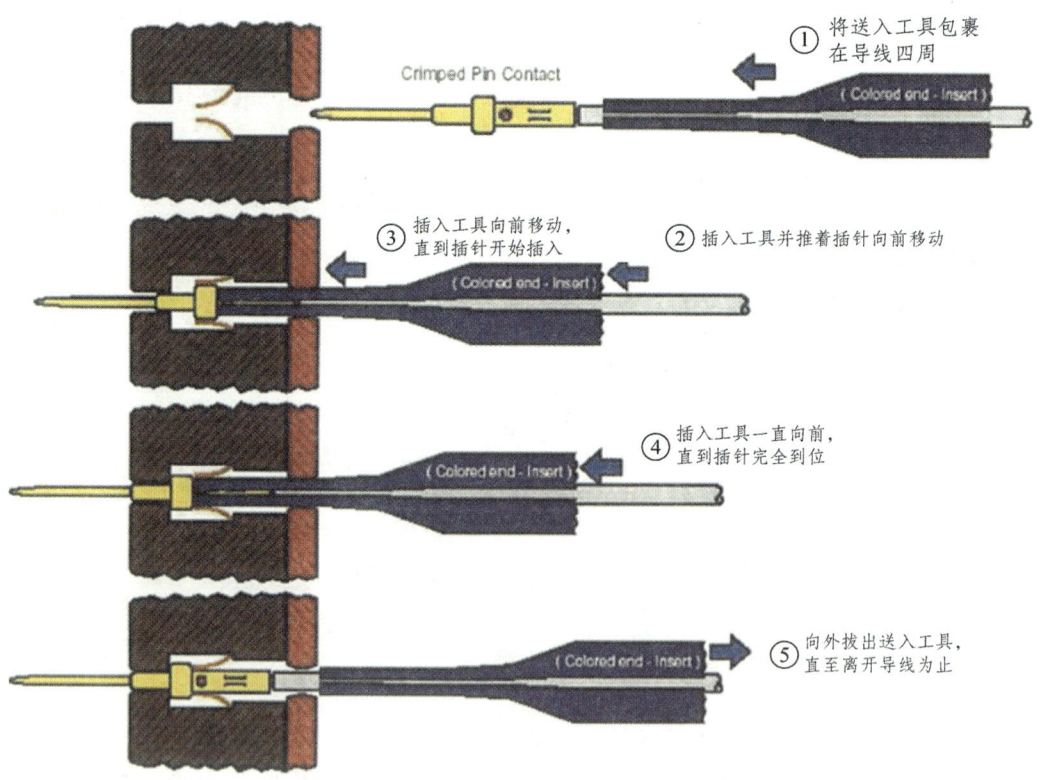

图 3-49 后出式接触器送入步骤

(6)典型后退连接器的退钉步骤。

根据连接器内部插钉/插孔夹接筒号选择合适的退钉工具,将退钉工具顺入需要退出的插钉/插孔的导线上,沿着导线纵向方向移动退钉工具到需要退钉连接器后部的密封橡胶位置,将退钉工具顺着导线纵向方向插入连接器(见图 3-50 所示),直至退钉工具与连接器接触平面四个方位相互垂直并推不动为止,退钉工具在向前推动过程中不允许左右扭动退钉工具,以免将连接器内部锁定插钉/插孔的金属锁损坏；当退钉工具到达指定位置时，将锁定插钉/插孔的金属锁打开，轻轻地向后扯拽导线，如果插钉/插孔连同导线和退钉工具一起被拉出来，说明退钉工作已经完成；如果扯拽导线没有反应时，说明连接器锁定插钉/插孔的金属锁没有打开，请拔出退钉工具在连接器外部旋转 90°重复上述步骤再次施工直至将插钉/插孔退出连接器，如果反复几次没有成功，请确认连接器是否属于后退钉的连接器，如果是请检查选择的退钉工具的件号是否正确，如果退钉工具件号没有问题请检查退钉工具前部退钉端有无磨损或变形，如果退钉工具没有问题说明连接器出现了问题必须更换有问题的插头或插座。

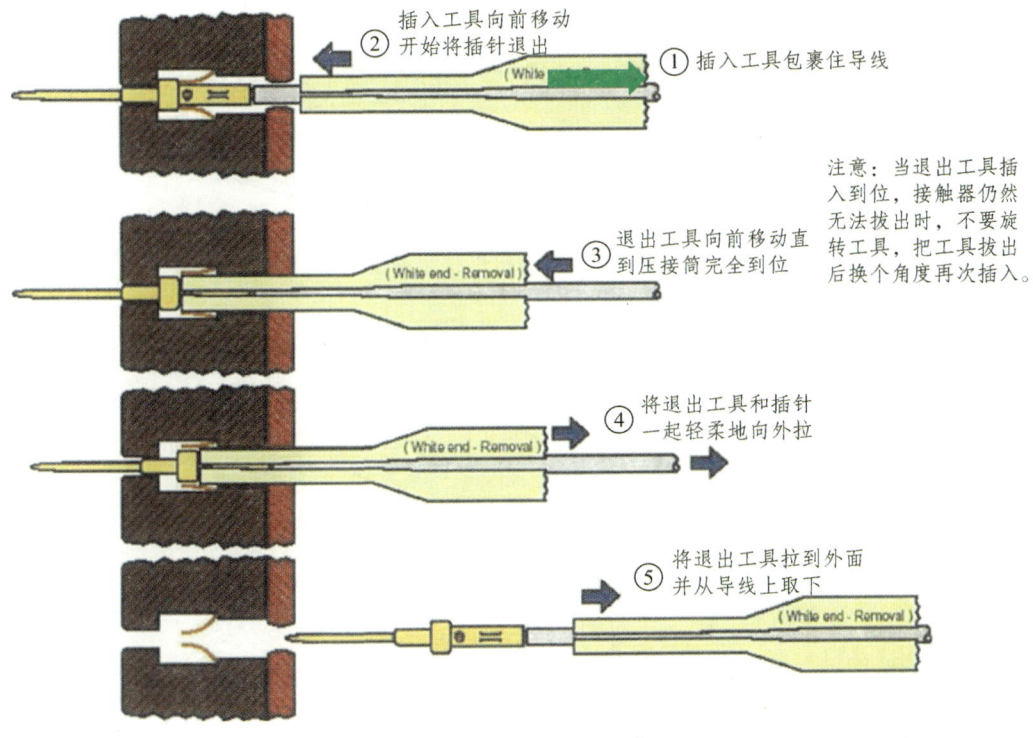

图 3-50　后出式接触器取出步骤

（五）焊接方法及检查

1. 电烙铁及其使用

视频：插钉取送

在电子元器件的焊接工作中，需使用温度可调节的恒温电烙铁（见图 3-51）。实际工作中应选用维护技术手册推荐的工具。使用前应检查电烙铁各部件的连接状态及外观状态，以确保电烙铁安全可用。

1）电烙铁的握法

根据烙铁的大小、形状和被焊件的要求等不同情况，电烙铁有三种握法，如图 3-52 所示。

（1）握笔法。相同于握毛笔的方法（见图 3-52a）。长时间用这种握法进行焊接操作，手易疲劳，这种握法仅适用于小功率烙铁和热容量小的被焊件焊接。

（2）反握法。用五指把烙铁柄握在手掌内（见图 3-52b）。使用这种握法焊接时，动作稳定，长时间操作手也不容易感到疲劳。

（3）正握法。这种握法适用于弯烙铁头操作或用直烙铁头在机架上焊接互连导线，如图3-52（c）所示。

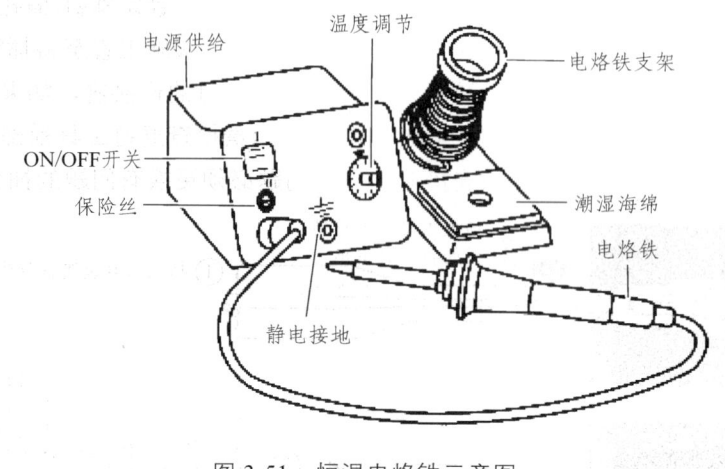

图 3-51　恒温电烙铁示意图

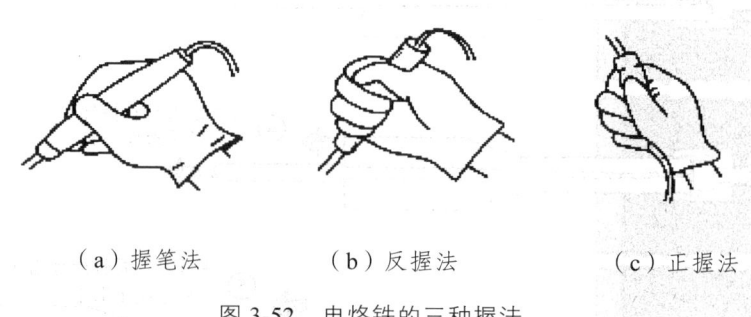

（a）握笔法　　　（b）反握法　　　（c）正握法

图 3-52　电烙铁的三种握法

2）使用烙铁的注意事项

（1）每次用湿布、浸水海绵擦拭烙铁头，以保持烙铁头良好的挂锡，并防止残留助焊剂对烙铁头的腐蚀。

（2）焊接完毕，烙铁断电前要加锡，固态焊锡阻止空气接触烙铁头工作面，可保护烙铁头，以防止再次加热时出现氧化层，而氧化物会阻碍焊接所需热量的自由传导。高温时金属氧化非常快，因此为了阻止热的烙铁表面氧化物的形成，烙铁不用时铜头应被焊锡覆盖。

（3）烙铁头经长时间使用后，就会因氧化而不沾焊锡，这就是"烧死"现象，也称作"不吃锡"。当出现这种现象时，可以用细砂纸或锉将烙铁头重新打磨或锉出新茬，然后重新镀锡。对于合金材料的烙铁头，出现上述情况必须更换。

2. 焊接及其基本要求

1）焊接姿势

焊接时，操作人员的身体稍稍前倾，其脸部离开焊接部位 20～30 cm，如图 3-53 所示。

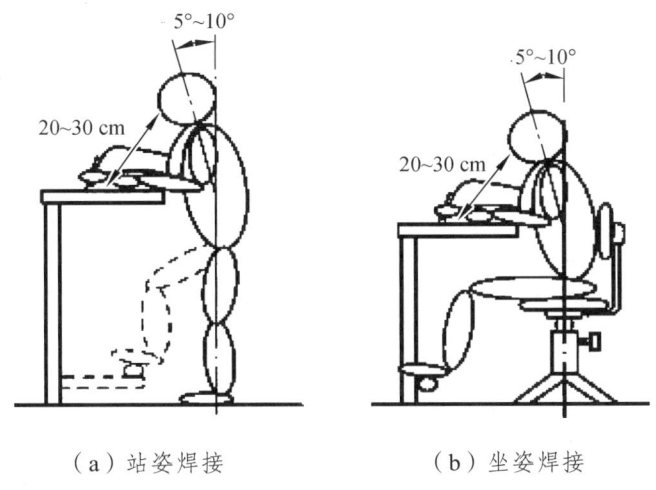

(a) 站姿焊接　　　　　(b) 坐姿焊接

图 3-53　焊接姿势示意图

2) 手动焊接方法

手工焊接中一手握电烙铁（前面讲过，电子焊接中通常采用握笔法），另一手拿焊锡丝，帮助电烙铁吸取焊料。

（1）焊锡丝拿法。

拿焊锡丝的方法一般有两种，如图 3-54 所示。

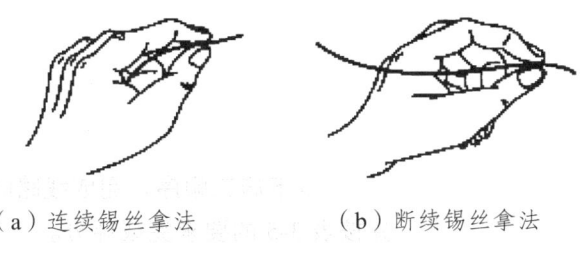

(a) 连续锡丝拿法　　　　　(b) 断续锡丝拿法

图 3-54　焊锡丝拿法

① 连续锡丝拿法，即用拇指和食指握住焊锡丝，其余三手指配合拇指和食指把焊锡丝连续向前送进，如图 3-54（a）所示。它适于成卷焊锡丝的手工焊接。

② 断续锡丝拿法，即用拇指、食指和中指夹住焊锡丝。这种拿法，焊锡丝不能连续向前送进，适用于小段焊锡丝的手工焊接，如图 3-54（b）所示。

由于焊锡丝成分中有一定比例的铅，因此，操作时应戴手套或操作后洗手，焊接过程中不要吸入焊锡烟。电烙铁使用后一定要放在烙铁架上，并注意烙铁线等不要与烙铁相碰。

（2）操作方法。

有些人先用烙铁头沾上一些焊锡，然后将烙铁放到焊点上停留，等待焊件加热后被焊锡润湿，这是不正确的操作方法。这种方法虽然也能将焊件连接，但却不能保证质量。

正确的操作步骤应该分为 5 步，称为焊接五步法，如图 3-55 所示。步骤 1：准备施焊，左手拿焊丝，右手握烙铁，随时处于焊接状态，要求烙铁头保持干净，表面镀有一层焊锡，如图 3-55（a）所示。步骤 2：加热焊件，应注意加热整个焊件全体，使焊件均匀受热，烙铁头放在两个焊件的连接处，时间为 1~2 s，如图 3-55（b）所示，在印制板上焊接元器件时，要注意使烙铁头同时接触焊盘和元器件的引线。步骤 3：送入焊丝，焊件加热到一定温度后，焊丝从烙铁对面接触焊件，如图 3-55（c）所示，注意不要把焊丝送到烙铁头上。步骤 4：移开焊丝，当焊丝熔化一定量后，立即将焊丝向左上方 45°方向移开，如图 3-55（d）所示。步骤 5：移开烙铁，焊锡浸润焊盘或焊件的施焊部位后，向右上方 45°方向移开烙铁，完成焊接，如图 3-55（e）所示。

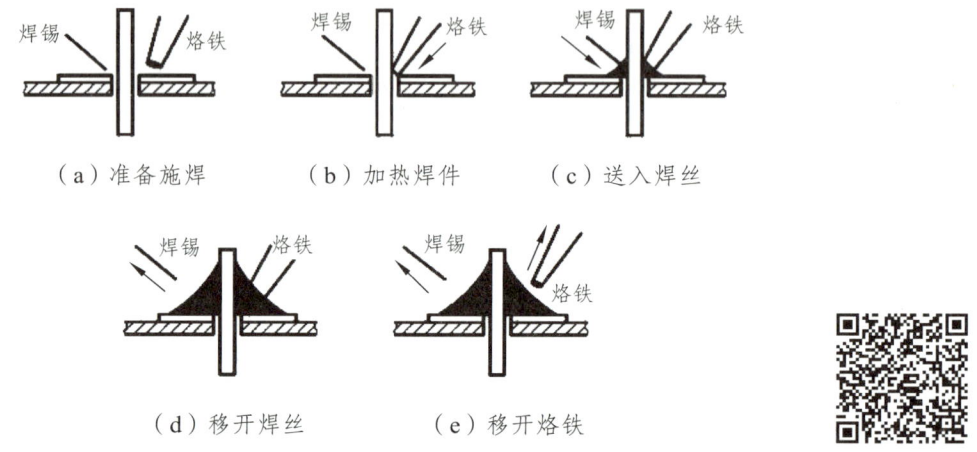

图 3-55　正确的操作手法

视频：电烙铁焊接

四、任务实施

请认真阅读图 3-56 所示的线路图，按照以下施工顺序，完成线路的制作，施工中可能用到的设备、工具、耗材如表 3-4 所示，并按表 3-5 的要求完成评分。

（1）按照清单清点工具、材料。
（2）按照线路图及标准规范安装元器件和准备线路板。
（3）按照线路图及标准规范布线成束。
（4）按照线路图及标准规范将线束安装固定在模拟安装板上，并进行标识。
（5）按照线路图及标准规范进行端子压接及安装。
（6）按照接线图及标准规范安装并连接开关及灯组件的电线。
（7）按照线路图及标准规范安装和完工插头接线。
（8）进行导通检查和电压检查。
（9）进行线路逻辑功能检查。
（10）清扫整理。

项目三 飞机电气线路制作与故障排除

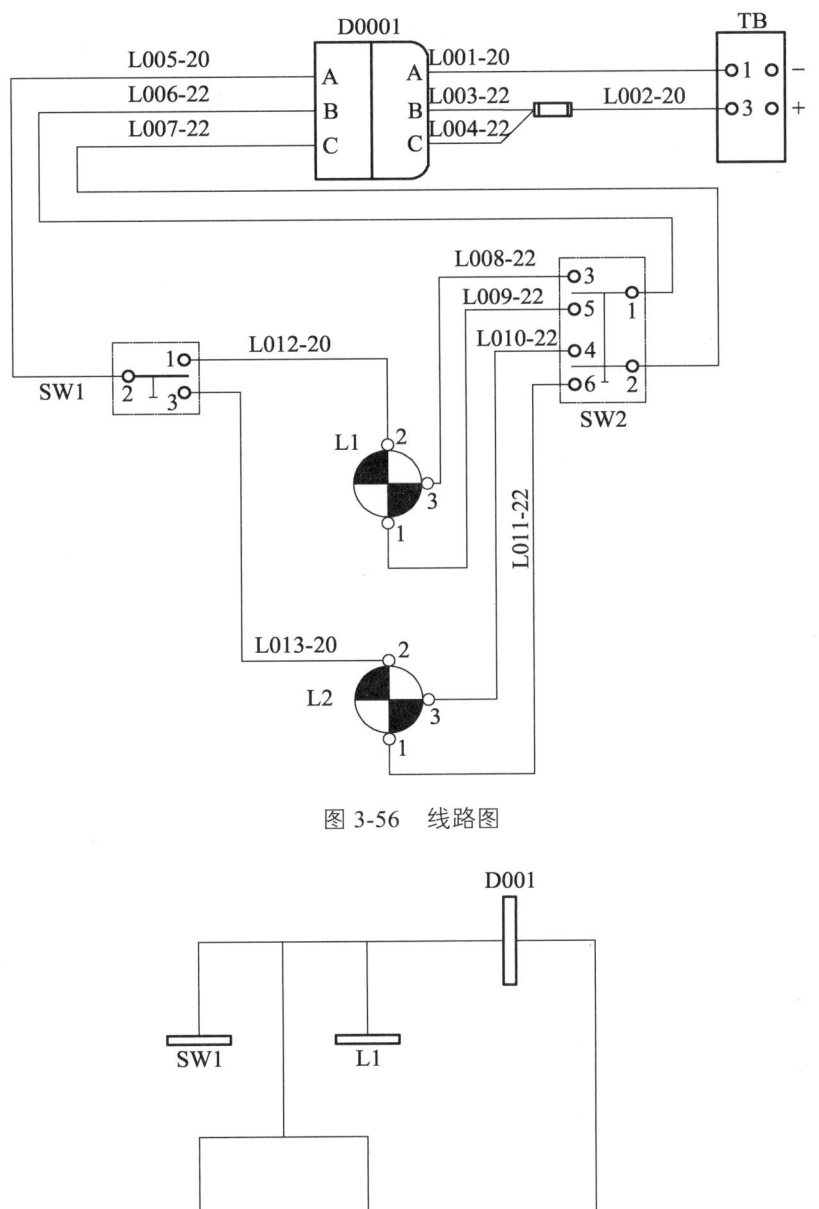

图 3-56 线路图

图 3-57 安装板位置图

注意：对于 D00001，应按接线图所示选择正确的插头插座；对于 SW1\SW2，开关操作方向为上下扳动；L1\L2 为信号灯。

表 3-4　图 3-56 线路图施工中需要的设备、工具和耗材

序号	设备名称	型号	数量	单位
1	电工工作台	1.5 m×0.8 m×1 m	1	件
2	电源插座两孔、三孔	220 V、50 Hz	各1	件
3	照明灯 LED		1	件
4	废料盒		1	个
5	可调直流稳压电源	0～30 V	1	台
6	除锡带	GOOT WICK CP-2515	1	卷
7	模拟线路板	600 mm×600 mm×2 mm	1	件
8	插头	J599/26JD97SN	1	件
9	插座	J599/20JD97PN	1	件
10	插头	J599/26JD97PN	1	件
11	插座	J599/20JD97SN	1	件
12	尾附件	J1784/3815J	2	件
13	20#插针	21E8-570-1222-L16	20	件
14	20#插孔	21E6-571-656-L58	20	件
15	16#插针	21E8-570-1223-L16	10	件
16	16#插孔	21E6-571-657-L58	10	件
17	封严塞	MS27488-16-2	10	件
18	封严塞	MS27488-20-2	10	件
19	航空信号灯	ZSD-9（红）	1	件
20	航空信号灯	ZSD-9（绿）	1	件
21	灯泡	FJ28-0.05	2	件
22	焊接型开关	KN1-203	1	件
23	螺接型开关	XBK1-2G	1	件
24	断路器	DBF-2	1	件
25	接线排	TB-10L	1	件
26	航天端子	OD.JZ1-4	10	件
27	航天端子	OD.JZ1-3	3	件
28	并接头	D436-37	1	件
29	非屏蔽单线	AWG20	4	米
30	非屏蔽单线	AWG22	5	米
31	非屏蔽单线	AWG18	2	米
32	尼龙系带	E0043-4CO	14	件
33	棉线	3#白色	6	米

续表

序号	设备名称	型号	数量	单位
34	硅胶自粘带	25 mm×500 mm×0.5 mm	1	件
35	无铅焊料	ϕ1 mm	0.1	kg
36	助焊剂		0.1	kg
37	酒精		0.1	kg
38	黑色热缩管	ϕ3 mm	0.2	米
39	黑色热缩管	ϕ4 mm	0.2	米
40	标记套管	TMS-SCE-3/32-2.0-S1-9	15	件
41	一字半圆头螺钉	HB1-221G-M3×12	4	件
42	垫圈	HB1-521GD-3×6×0.5	4	件
43	六角自锁螺母	M3GB1337	4	件
44	压接钳	M22520/1-01	1	把
45	转台定位器	M22520/1-04	1	件
46	检验塞规	M22520/3-01	1	件
47	剥线钳	45-1987	1	把
48	剪线钳	45-123	1	把
49	20#取送工具	M81969/14-02	1	件
50	16#取送工具	M81969/14-03	1	件
51	端子压接钳	VS.JZ1	1	把
52	端子压接钳	AMP47386	1	把
53	系带枪	GS-2B	1	把
54	热风枪	HG2310LCD	1	把
55	反射罩	074616	1	件
56	反射罩	070717	1	件
57	并接头压接钳	GMT232	1	把
58	恒温电烙铁	50 W	1	把
59	除锡带	GOOT WICK CP-2515	1	卷
60	助焊笔	KESTER 951	1	支
61	尖剪刀	HBS-198	1	把
62	小型套筒组件	JM-T8046	1	套
63	镊子	EDS-12	1	把
64	笔刀	30°	1	把
65	一字开口螺刀	2 in	1	把
66	一字螺刀	2 in	1	把

续表

序号	设备名称	型号	数量	单位
67	一字螺刀	4 in	1	把
68	十字螺刀	4 in	1	把
69	开口扳手	6~7 mm	1	把
70	开口扳手	12~14 mm	1	把
71	开口扳手	13~15 mm	1	把
72	卷尺	2 m	1	件
73	数字万用表		1	件
74	小牙刷		1	把
75	毛刷	2 in	1	把
76	抹布		1	块
77	橡皮擦		1	件
78	记号笔	0.5 mm	1	支
79	口罩		1	件

表 3-5 图 3-56 线路施工评分表

序号	考核要素	考核要求	评分标准	分值
1	接线板元器件安装	插头座安装位置符合以下要求:		
		主键位方向正确	不符合扣 1 分	1
		插头座安装符合接线图	不符合扣 1 分	1
		插座安装牢固,标准件装配符合标准要求	未安装牢固每处扣 0.5 分,螺钉方向、各标准件顺序错误每处扣 1 分,标准件缺失每处扣 0.5 分	2
		信号灯安装位置符合以下要求:		
		信号灯安装方向应符合图纸要求,并按牢固	方向错误每处扣 0.5 分,未安装牢固每处扣 0.5 分	2
		开关安装位置应符合以下要求:		
		开关位置应符合图纸要求,并安装牢固	位置错误每处扣 1 分,未安装牢固每处扣 0.5 分	3
		开关定位缺口方向正确	不符合每处扣 1 分	2
2	布线与捆扎固定	布线应符合以下要求:		
		线束长度应正确	线束弯曲处拉太紧、单独导线的过于张紧,每处扣 0.5 分	1
		布线分支走向符合图 3-57 要求	不符合每处扣 0.5 分	1
		线规使用符合图 3-56 要求	不符合每处扣 0.2 分	1

续表

序号	考核要素	考核要求	评分标准	分值
2	布线与捆扎固定	线束捆扎固定：		
		线束应捆扎牢固，采用丁香结捆扎方式，线束平整无松散	捆扎间距不符合要求，捆扎松脱，线束松散，未采用丁香结捆扎，每次0.2分	3
		线束固定在支座上须用尼龙系带捆扎，用橡胶板做好隔离防护	未使用系带，系带未切断，切口不平整，未做防护，每处扣0.3分	2
		线束与结构无干涉	不符合每处扣0.5分	1.5
3	标识制作与安装	每根导线终端须有标识	不符合每处扣0.2分	4
		标识书写正确、端正	不符合每处扣0.1分	2
		标识方向须一致	不符合每处扣0.2分	4
4	剥线	正确使用剥线钳，剥线钳预剥检查	未进行预剥，扣0.5分	0.5
		剥下的绝缘皮不允许飞溅	不符扣0.5分	0.5
		剥线质量须符合要求	出现断丝，每处扣0.2分	4
5	TB端及SW1开关接线压接及装配	压接前检查压接钳完好性及有效期	未做检查扣0.5分	0.5
		线芯露出端子前面的长度应正确，端子尾部应压有导线绝缘层，应夹紧无松动，且绝缘层不允许进入端子前端	不符每处扣0.5分	2.5
		接线正确	接线脚号符合图样，无松动，不符每处扣0.5分	2.5
6	开关、信号灯接线焊接	正确使用电烙铁	焊接前未进行打湿清洁海绵，清洁烙铁头，烙铁头镀锡，扣0.5分	0.5
		焊前导线套热缩管	未套热缩管，每处扣0.5分	4
		焊接缺陷	出现焊线点未镀锡，绝缘层发黄，焊接点焊锡过多/不足，线芯未镀锡，焊接根部露线过长，超出1.5 mm，导线根部有锡、硬化，每处扣0.5分	8.5
		焊后清洗	未清洗，清洗不干净，每处扣0.5分	5
		无虚焊、脱焊	每处扣2分	4

续表

序号	考核要素	考核要求	评分标准	分值
7	插头座接触偶压接及装配	压接前检查压接钳完好性及有效期	未做检查，扣 0.5 分	0.5
		压接前用通止规检查	未做检查，扣 0.5 分	0.5
		正确使用压接钳	错误使用定位器，错误使用压接挡位，每处扣 1 分	2
		接触偶压接质量符合要求	出现观察孔无线芯，线芯未全装入压接筒，压痕位置距压接筒边缘超出 1~1.5 mm，裸露线芯长度超出 0~0.8 mm，每处扣 0.2 分	5
		正确使用取送工具	装入和取出接触偶未使用取送工具，错误使用不规范，扣 1 分	1
		接触偶装入针脚号须符合图纸	不符，每处扣 1 分	4
		接触偶应装到位并锁定，并进行检查	不符，每处扣 1 分	4
		插头座尾部附件固定正确	未装自粘带，自粘带松脱，尾附件未装紧，每处扣 0.2 分	1.5
8	线束导通检查	检查万用表有效期	未做检查，扣 0.5 分	0.5
		正确使用万用表量程	量程错误，扣 0.5 分	0.5
		导通前电源、插头座、灯泡须断开，按图纸逐段导通	未断开电源、插头座、灯泡扣 1 分，未按要求逐线进行导通扣 1 分	2
	电压检查	连接插头座，连接电源	连接电源前未检查电源，电源连接极性错误，未断开灯泡扣 1 分	1
		接通电源，检查 L1、L2 灯座应有电压	无电压或电压低于额定值扣 2 分	2
	功能检测	安装灯泡，连接电源，检查电路逻辑	逻辑不符合电路图要求，扣 5 分：SW1 开关手柄向上，SW2 开关手柄向上，L1 信号灯亮，按压灯灭，SW2 开关手柄向下，L1 信号灯灭，按压灯亮；SW1 开关手柄向下，SW2 开关手柄向上，L2 信号灯亮，按压灯灭，SW2 开关手柄向下，L2 信号灯灭，按压灯亮	5
9	现场清洁	断开电源，拆下电源归还	未断开电源操作，扣 0.5 分	0.5
		断开电烙铁	未断开，扣 0.5 分	0.5
		清洁工作台，清点工具	未清洁，工具未清点，工具材料混放，扣 1 分	1

续表

序号	考核要素	考核要求	评分标准	分值
10	安全文明生产	电烙铁须远离易燃材料，去除多余焊锡应使用清洁海绵	出现不使用清洁海绵，甩去烙铁上的焊料，扣 0.5 分	0.5
		无抽风设施时焊接操作需戴口罩	不符，扣 0.5 分	0.5
		索要额外材料	如需要额外材料如端子、接触偶、导线等，每次加扣 1 分	
		开始制作前应进行工具、材料、零部件清点	未做清点，加扣 1 分	

五、电气施工安全注意事项

视频：案例成品

（一）安全施工概述

在电源系统或电源部件上进行维护工作时，为防止维修人员受到伤害，防止对维护设备造成损坏，应使用以下安全程序。

1. 维护工作前的安全程序

（1）鉴定并确定将要进行维护工作的系统。
（2）断开线路跳开关和电门，确保从系统来的电源被切断。
（3）在跳开关和电门上挂上标有"禁止闭合"的警告牌。
（4）为了确保线路跳开关保持在断开位，应安装线路跳开关夹或卡环。

2. 维护工作后的安全程序

（1）为了防止意外的动作造成组件错误操作，需确保所有的开关在断开位置。
（2）拆除警告牌，闭合线路跳开关，将开关置于准备工作状态。
（3）给系统提供电源。
（4）执行必要的操作检查。
当对操作检查的结果满意后，将开关复位或置于启动工作位置。

（二）热风枪、电烙铁使用安全注意事项

在飞机内使用热风枪、锡焊枪和电烙铁时，应注意以下安全防护程序。

1. 潜在的爆炸

热风枪、锡焊枪和电烙铁等设备的加热温度有可能超过燃油燃气燃点的操作温度（约 232 ℃），产生火花，从而点燃燃油蒸气，引起潜在的爆炸危险。

2. 在燃油箱内使用

对于波音系列飞机，热风枪、锡焊枪和电烙铁等加热设备不允许在加过燃油的燃油箱内使用，也不允许在装满惰性气体的容器内使用。

3. 在燃油和易燃液体附近使用

燃油箱打开的维护工作期间，燃油泄漏、燃油溢出和其他易燃液体附近，在 100 英尺（1 英尺≈0.304 8 米）范围内不允许使用热风枪。

飞机在加油工作期间和放油工作期间，在 100 英尺范围内不允许使用热风枪锡焊枪和电烙铁等加热设备。

4. 在烟雾区域使用

禁止在烟雾区域使用热风枪、锡焊枪和电烙铁等加热设备，在可能有危险的燃油蒸气区域也不能使用这些设备。

六、技能提升

请按照图 3-58 所示电路图完成电子线路的制作，并按照相应的评分标准加以评分，完成时间为 3 h。施工中需要的工具及耗材如表 3-6 所示，评分标准如表 3-7 所示。

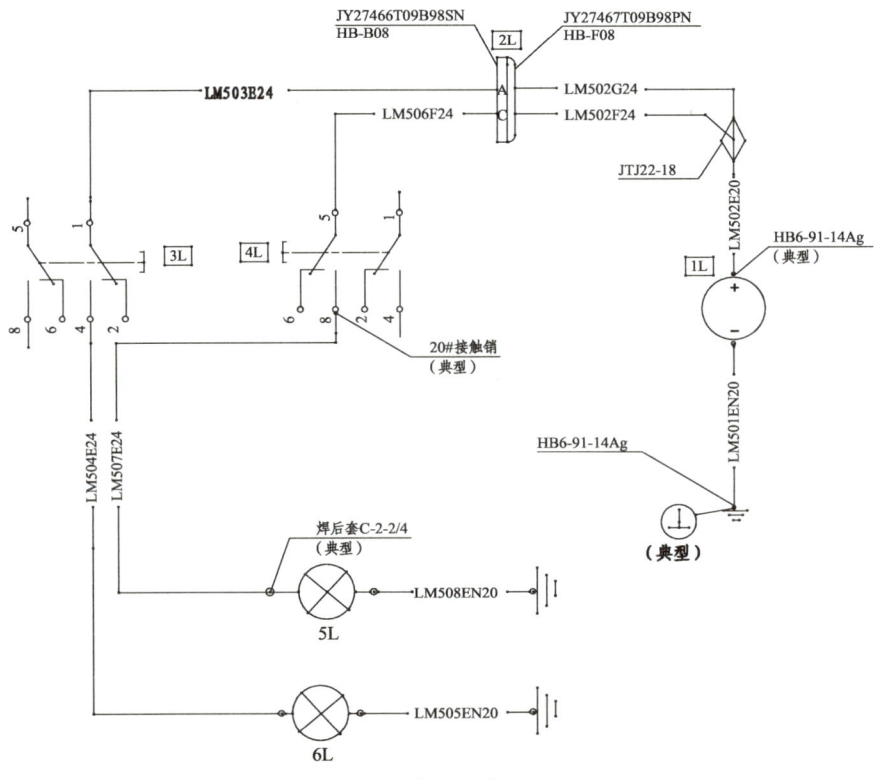

图 3-58　线路连接原理图

表 3-6　图 3-58 所示线路施工所需工具及耗材

序　号	名　称	规　格	数　量	备　注
1	压线钳	MS22520/2-01 压线钳 MS22520/2-10 定位器 MS22520/2-02 定位器	1 把 1 个 1 个	配套 使用
2	死接头压线钳	VS.LZ 1.0	1 把	
3	取送 20-24 导线针工具	通用	红白、绿白各 2 件	
4	烙铁	50 W 电烙铁	1 个	
5	砂纸	90#	1 张	
6	标记笔	通用	1 支	
7	十字螺丝刀	通用	1 把	
8	十字螺丝刀	2 in	1 把	
9	一字螺丝刀	2 in	1 把	
10	数字万用表	通用	1 个	精度 0.5 级
11	剪线钳	通用	1 把	
12	剥线钳	45-1987.1	1 把	
13	毛刷	通用	1 把	
14	抹布	通用	1 块	
15	开口扳手	3/8 in，长度 10 cm	1 把	
16	卷尺	通用，2 米	1 把	
17	塞尺	通用	1 把	共用
18	电吹风	通用，2 kW，温度可调	1 把	
19	铝板组件	60 cm×60 cm×2 mm	1 件	
20	垫片	HM102-δ2.0	7 个	
21	十字槽盘头螺钉	GB818 M4X10	3 个	
22	六角自锁螺母	GB1337 M4	3 个	
23	垫圈	HB1-521GD4X10X1	3 个	
24	十字槽盘头螺钉	GB818 M3X10	8 个	
25	六角自锁螺母	GB1337 M3	8 个	
26	垫圈	HB1-521GD3X8X0.5	8 个	
27	直流稳压电源	28V/7.5A	1 台	
28	接插件	JY27466T09B98SN JY27467T09B98PN	2 套	

续表

序 号	名 称	规 格	数 量	备 注
29	开关	560UN01A01A5	2个	
30	指示灯（含灯泡）	ZSD-9	2个	
31	电气死接头	JTJ22-18	1个	
32	电线小接头	HB6-91-14Ag	3个	
33	接触销	20#	4个	
34	热缩套管	C-2-2/4	8根	
35	导电胶	通用	1组	
36	焊料	通用，酒精、松香溶液	1套	
37	20号导线	按图纸编号	4根，各1米	
38	24号导线	按图纸编号	6根，各1米	
39	尼龙系带	Q/16S264-1	14个	
40	尼龙绳	SS7057-2B	20根，各200 mm	
41	尾部附件	HB-B08	2个	
42	尾部附件	HB-F08	2个	
43	硅胶自粘带	GZ-1-2010R	1卷	

表3-7 图3-58所示线路施工评分标准

序号	考核要求	分值	评分标准
1	实施效果评判：开关操作逻辑功能符合要求并能正常点亮指示灯	5	如果不符合，则直接淘汰
2	线束固定在尼龙固定座时，用垫片隔离且用系带捆扎	5	未用垫片隔离，每处扣1分；系带捆扎时，电缆上有明显划伤或露出线芯，每处扣2分
3	尾部附件与线束之间用硅胶自粘带缠绕填充，线束分叉处应梳理平整	8	尾部附件与线束之间松动，每处扣2分，分叉处形成明显"结瘤"，每处扣2分
4	线束捆扎节距为50~100 mm，线束制作时，应留有30~50 mm余长	8	线束捆扎节距超出50~100 mm，每处扣1分；余长超出30~50 mm，每处扣2分
5	焊点应平稳光滑无突刺，无虚焊，焊点应清理干净	8	每1处脱焊，扣3分；每一处虚焊，扣1分
6	焊接时，电线绝缘端面与接触偶尾孔端面间隙不大于0.8 mm	8	每有1处不符合处扣1分

续表

序号	考核要求	分值	评分标准
7	焊后套上 20～30 mm 的热缩套管，以盖住一段电线的绝缘层为宜	5	每有 1 处不符合扣 1 分
8	压接时，待压接电线线芯股应完整并全部插入压接筒，从观察孔能目测到电线线芯，压接筒所有压接痕迹深度应一致，压接筒不应有压接而产生的裂纹、压穿	5	观察孔未目测到线芯股，每有一处扣 2 分；压接筒有明显的裂纹或压穿，每有 1 处扣 1 分
9	接触偶或接触销压接时的压痕的轴向位置为 1.0～1.5 mm，线芯的裸露长度≤0.8 mm（参见"电子制作要求"）	5	每有 1 处不符合扣 2 分
10	端子和死接头的线芯截面应与接头的允许截面相匹配。当线芯总截面小于接头的匹配截面时，允许使用相同型别的线芯填充至匹配截面值。不允许用剪去电线线芯的办法来达到与接头允许截面相匹配	5	每有 1 处不符合扣 2 分
11	剥去电线绝缘层时，弄散的线芯要重新绞合，线芯上不允许有残留的绝缘层，线芯不允许断裂；压接时，电线的绝缘皮应与接耳座柄的端面贴合，没有裸露的线芯在死接头或端子外部	8	线芯未重新绞合，每有 1 处扣 0.5 分；线芯上有残留绝缘层或出现断裂，每有 1 处扣 2 分；有裸露的线芯在拼接管或端子外部，每有 1 处扣 2 分
12	每段线束电压降应低于 0.3 V（包括接触压降）	10	每有 1 处不符合扣 1 分
13	接地螺钉应至少按 $\phi 20$ 区域打磨，并在端子与地之间涂导电胶，搭接电阻不大于 10 mΩ。	10	每有 1 处不符合扣 3 分
14	按接线图检查导线标记	5	每有 1 处不符合扣 1 分
15	板面清洁，无明显污渍	5	每有 1 处不符合扣 1 分
	总分	100	

项目四　飞机机械拆装和故障排除

一、教学目标

【知识目标】

（1）掌握飞机机械拆装和故障排除项目施工具体包括的内容。
（2）了解飞机机械拆装和故障排除项目需要具备的能力。
（3）能够正确理解给定的有关飞机机械拆装和故障排除的文件、图纸、工卡。

【技能目标】

（1）能够在指定的环境中（发动机、模拟平台）完成指定部件的拆装，检查存在的故障并加以排除。
（2）能标准规范地使用拆装中用到的各类通用、专用工具，正确地检查、校验和使用量具。
（3）能正确填写相关表格文件。

【素质目标】

（1）培养良好的机务作风，如工具清点，以及规范施工应该具备的意识。
（2）培养安全意识，做到不伤害自己、不伤害他人、不被他人伤害。
（3）培养良好的沟通与交流的能力。

二、案例分析

按照表 4-1 所示工卡的操作要求，参照图纸 4-1 和规范以及维修指令完成操纵系统拉杆组件拆卸、检查、调整及安装，拆装过程中用到的工具耗材如表 4-2 所示，维修评分标准如表 4-3 所示。

表 4-1　操纵系统拉杆拆卸与安装维修工卡

序号	工作内容
1	用 7253 润滑脂润滑尾桨助力器零位插销（型号）
2	在 B 处安装尾桨助力器零位插销
3	拆卸主视图中拉杆组件 2 与摇臂 3 的连接件：开口销 7、螺母 4、螺栓 5、垫圈 6
4	将螺栓 5、螺母 4、垫圈 6 放在零件盒中。
5	将开口销 7 报废
6	用尼龙卡带将拉杆组件 2 固定在摇臂 3 上
7	拆卸主视图中拉杆组件 2 与尾桨助力器 1 的连接件：开口销 11、螺母 8、螺栓 9、垫圈 10

续表

序号	工作内容
8	将螺栓 9、螺母 8、垫片 10 放在零件盒中
9	将开口销 11 报废
10	剪断尼龙卡带,将拉杆 2 拆下
11	拆卸拉杆组件 2 两端的保险丝
12	拧松拉杆组件 2 两端的锁紧螺母 12、15
13	给螺栓 5 的光杆部分涂 7253 润滑脂,螺纹部分涂 MF-1 密封胶
14	安装拉杆组件 2 与尾桨助力器的安装螺栓 5
15	给螺栓 9 的光杆部分涂 7253 润滑脂,螺纹部分涂 MF-1 密封胶
16	安装拉杆组件 2 与摇臂 3 的安装螺栓 9
17	在摇臂 3 上安装拉杆 U 型夹具
18	在尾桨助力器输入摇臂上安装拉杆 U 型夹具
19	用 7253 润滑脂润滑中立位置插销 Z8-9911-830-5
20	通过旋转拉杆杆体 18 来调整拉杆组件长度,直到 A 处中立位置插销 Z8-9911-830-5 能够无应力安装 调整时带柄轴承 14、17 的红色环槽不得露出,调整时拉杆应对称调整(两端带柄轴承露出螺纹扣数应一致,差异不大于 1 mm)
21	将拉杆两端的锁紧螺母 12、15 锁紧,安装力矩值为 6~9 N·m
22	用保险丝将齿形垫圈 13 与锁紧螺母 12 锁紧
23	用保险丝将齿形垫圈 16 与锁紧螺母 15 锁紧
24	拆卸拉杆 U 型夹具
25	给螺母 4 的螺纹上涂 MF-1 密封胶
26	在螺栓 5 上安装垫圈 6、螺母 4,安装力矩值为 3.2~3.8 N·m
27	安装新的开口销 7
28	给螺母 8 的螺纹上涂 MF-1 密封胶。
29	在螺栓 9 上安装垫圈 10、螺母 8,安装力矩值为 3.2~3.8 N·m
30	安装新的开口销 11
31	拆斜尾桨助力器零位插销(型号)
32	拆斜中立位置插销 Z8-9911-830-5
33	清理工作现场

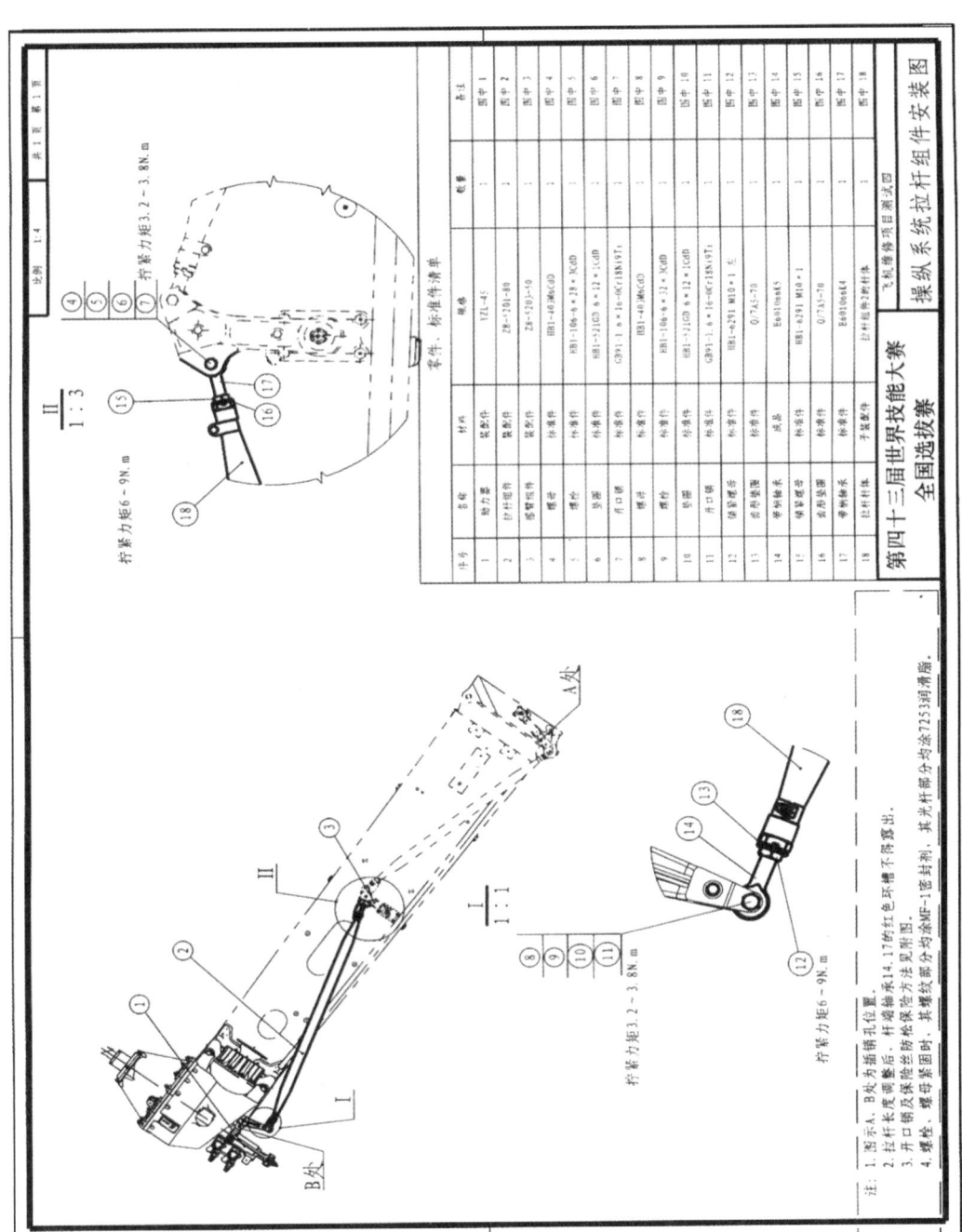

图 4-1 操纵系统安装图纸

表 4-2 操纵系统拉杆拆卸与安装维修所需工具、耗材

序号	名　称	规　格	数　量
1	开口扳手	通用	1 套
2	套筒扳手	通用	1 套
3	定力扳手	通用	1 把
4	尖嘴钳	通用	1 把
5	中立位置插销	专用	1 根
6	助力器零位插销	专用	1 根
7	拉杆 U 型夹具	专用	2 套
8	抹布	通用	2 块
9	开口销	GB91-1.6×16-0Cr18Ni9Ti	1 个
10	润滑脂	7253	按需
11	密封胶	MF-1	按需
12	保险丝	1Cr18Ni9 冷拉 d0.8	按需
13	尼龙卡带	长度为 100 mm 左右	5 根

表 4-3 操纵系统拉杆拆卸与安装维修评分标准

序号	考核要求	分值	评分标准
1	依据图纸拆卸及安装拉杆组件，过程中不允许磕伤其他零件	10	每磕伤零件 1 处扣 2 分；拆卸下拉杆未进行检查扣 5 分
2	涂抹润滑脂及密封胶	10	漏涂 1 处扣 5 分
3	螺母拧紧定力要求。	15	未定力的，每处扣 5 分；未按图纸要求正确定力的，每处扣 2 分；定力过程中不允许损坏螺母，有损坏螺母和垫片的损坏 1 个零件扣 1 分
4	螺母打开口销。	10	漏装开口销 1 处扣 5 分
5	安装保险丝	10	漏装扣 10 分，安装不紧扣 5 分
6	拉杆调整要求，中立位置插销应能无应力安装	10	调整长度不合适扣 5 分
7	拉杆调整要求，带柄轴承红色环槽不得露出	10	每露出 1 处扣 5 分
8	中立位置插销安装要求	10	安装时未按要求涂抹润滑脂的，扣 5 分；带应力安装扣 2 分
9	必须严格按工卡顺序完成各项操作	5	出现步骤顺序错误扣 5 分

续表

序号	考核要求	分值	评分标准
10	多余物	4	未清点工具扣2分；遗留多余物，扣2分
11	安全文明生产	4	损伤工具，每出现1件扣2分，最多扣4分
12	工作区域卫生	2	场地未清理扣2分
总分			100

通过上述的案例，我们可以初步得知，要完成工卡中要求的拆装工作，需要具备以下能力，也是本部分学习中需要掌握的重点知识：

（1）阅读并理解图纸、工卡和维修手册。
（2）严格按工卡程序要求操作。
（3）正确使用工具。
（4）螺纹定力。
（5）螺纹连接防松（开口销、保险丝、标志漆等）。
（6）润滑和保护。
（7）工具清理。
（8）多余物检查、现场清洁。

三、机械拆装基本知识

飞机机械拆装要求选手依据工卡，按飞机图纸和适航要求，在飞机/模拟器上完成检查、部件拆卸安装、系统调整及保险，考核选手对工卡、手册等文件的阅读、理解能力，独立完成检查、描述及排除故障的能力，以及正确检查、校验和使用工量具，正确填写相关表格文件，良好的沟通与交流的能力。

（一）螺纹紧固件拆装工具

1. 螺帽、螺栓拆装工具的选择和使用

（1）拆除螺帽的保险，禁止在未除保险的情况下拧动螺帽。
（2）选择合适的扳手，根据螺帽的大小和周围空间的宽窄选合适的开口、梅花、套筒或特种扳手，优先选用梅花扳手。
（3）扳手卡在螺帽上正确的位置（见图4-2），另一个扳手卡住螺栓头（见图4-3），扶住扳手，防止滑动。
（4）按照螺帽松的方向拧，拧松后，最好用手拧下螺帽。
（5）拆装螺栓时，如果太紧无法拆装，确认螺栓为要求的件号后，可以用冲子冲螺栓的方法拆装，如图4-4所示。

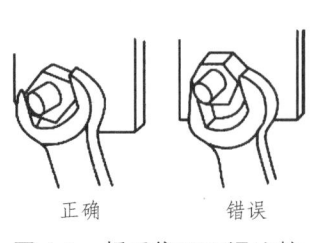 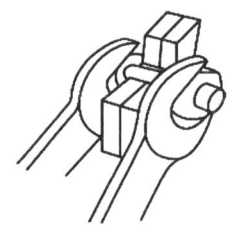 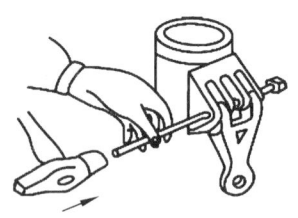

图 4-2 扳手位置正误比较　　图 4-3 拆装螺栓　　图 4-4 用冲子冲螺栓

2. 螺钉拆装工具的选择和使用

（1）选择合适的一字或十字螺丝刀，原则是与螺钉的匹配，如图 4-5 所示。拆装一字螺钉时，螺丝刀口过窄、过薄都容易损坏螺钉凹槽，过宽还会损伤机件的表面。拆装十字螺钉时，十字螺丝刀刀口的锥度应与螺钉的凹槽大致相同，锥度过大、过小均易损坏螺钉槽。维护工作中，禁止用一字螺丝刀代替十字螺丝刀。

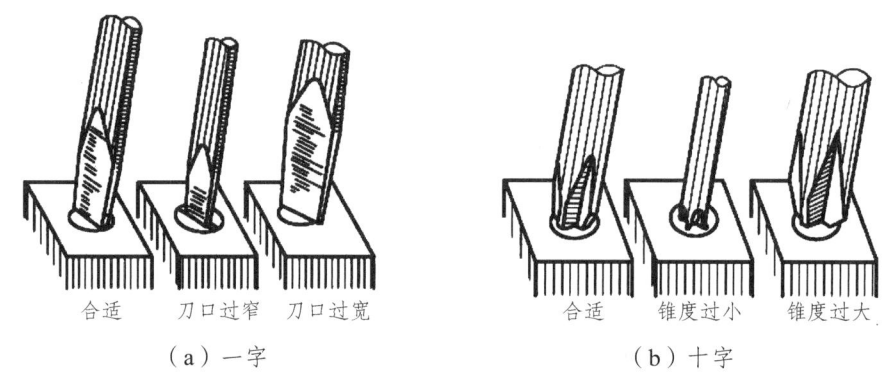

图 4-5 螺丝刀的选择

（2）螺钉中心线与螺丝刀中心线在一条线上，并用力压紧以防拧转时螺丝刀滑脱。

（3）施加合适的力，正、反向转动，待松动后用手拧下螺钉。

（4）螺钉过紧、不易拧松时，可事先渗透煤油、除锈剂、松动剂等，待锈层变松后再拆卸。也可用榔头轻轻敲击零件或用冲击解刀，但必须防止敲坏零件。

（5）装螺钉时，先用手将螺钉拧上，然后用螺丝刀拧紧，直到拧到与机件、蒙皮平齐，严禁一开始就用螺丝刀拧紧，防止因没对准螺纹而损伤机件。

（二）螺纹紧固件安装

1. 螺纹紧固件装配要点

（1）应根据手册或图册的规定领用航空器紧固件，决定安装的方向和方式。除非特别说明，航空器的螺栓应从上往下、从前往后安装，安装时必须与部件安装表面垂直，如图 4-6 所示。

（2）在安装前检查螺栓或螺帽与零件贴合的表面，要光洁、平整，螺栓或螺帽如有受损或自锁力不足时，应更换新件。

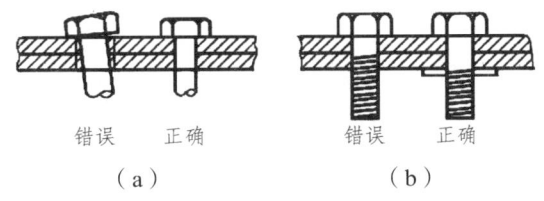

图 4-6　螺栓安装方式

（3）紧固件装配时按手册相关章节对安装材料进行表面处理以防电化学腐蚀，当螺栓安装需要密封剂和防咬剂时必须在安装垫圈之前完成，对螺栓、螺帽进行正确的润滑，通常螺栓和螺栓孔的配合都是松配合，可以较轻松地用手装入螺栓孔内，安装紧配合螺栓用胶锤打入时要检查孔是否校齐，孔的直径以及螺栓的尺寸是否正确，润滑标准如图 4-7 所示。

（4）在拆装螺栓时，应尽可能通过固定螺栓头、拧松螺帽的方式进行，如果通过固定螺帽，拧松螺栓头的方式，可能导致孔壁或螺纹的损坏。

（5）当旋紧螺帽时，应先用手将螺帽带上牙后才用工具紧固，如果一开始就感觉很紧时，可能是位置不正确，必须旋松后再重新旋紧。

（6）拧紧成组的螺帽时，须按照一定的顺序进行，如图 4-8 所示。

（7）航空器上的螺纹紧固件都有力矩要求，手册中规定的力矩值是指加在螺母一端的力矩值。按力矩值要求安装后，根据手册规定采用防松装置或防松动标记。

（8）严禁使用丝锥修理自锁螺帽的螺纹。

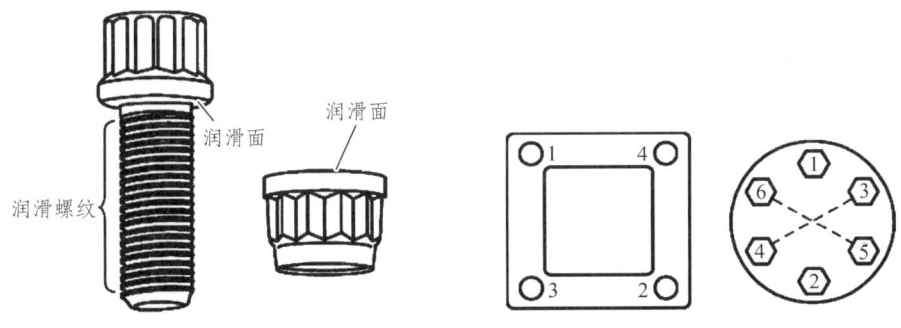

图 4-7　紧固件的润滑　　　　图 4-8　紧固件的拧紧顺序

2. 对螺纹紧固件长度、直径的要求

（1）安装螺栓时，要求光杆长度最好等于螺栓穿过的部件厚度，如果无法满足，可以略长，长出部分用垫片填满，如图 4-9 所示。

（2）螺帽锁紧后，螺帽上露出的牙数（螺纹凸出量）不能太少或太多，具体要求由不同部件安装手册规定。

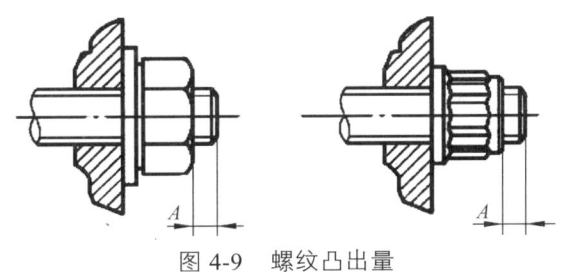

图 4-9　螺纹凸出量

（3）当螺栓头部有倒圆角时，应在螺栓头部下面加有埋头凹槽的垫片，要求凹槽对着螺栓。连接不同材料的部件时，例如在连接铝（镁）部件时，必须使用铝制垫片以防金属间腐蚀。调整螺栓长度时，应加调整垫片，优先装在螺帽一边，后考虑加在螺栓头，连接时不得超过 3 片（不包括埋头凹槽的垫片）。

（4）在航空器结构上，不得使用直径小于 3/16 in 的合金钢螺栓或直径小于 1/4 in 的铝合金螺栓。

（三）螺纹紧固件装配力矩

1. 装配力矩

随着航空器的高速运动，各连接结构件会承受相当大的应力，任何的构件都必须分担按设计所赋予的载荷，既不能过载，也不能欠载，否则会影响结构的连接强度和整体稳定性。因此对于像螺栓、螺帽、螺钉之类的装配紧固件，必须严格掌握其紧固受力，从而使整个结构单元的负载得到合理分配和安全的传递。螺杆力矩过紧，会导致螺纹及螺杆承受拉力过大而失效；螺桩力矩过大，会导致内嵌的丝套破坏内螺纹，致使整个的螺桩从螺纹孔脱出，彻底丧失紧固能力；反之，螺杆或螺桩力矩不足，会导致结合面的振动和疲劳失效。恰如其分的紧固力矩，不仅可使每一个连接结构件达到设计强度，而且在很大的程度上，可以降低由于材料疲劳而产生的结构破坏。图 4-10 所示为装配力矩的三种情况。

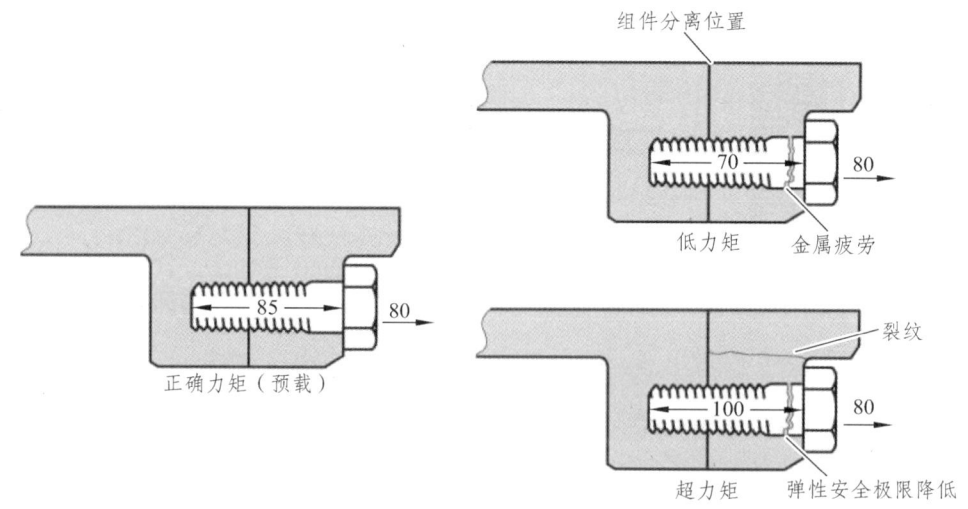

图 4-10 装配力矩

装配力矩的计算公式：

$$T=F\times L$$

式中　　T——力矩；
　　　　L——扭转点中心线与作用力中心线之间的垂直距离；
　　　　F——作用力。

2. 装配力矩值修正计算

用加长杆磅紧力矩时（见图 4-11），应注意设定力矩值的重新计算。

若使用加长扳头（杆），与施力杆不在一条直线，要计算出与磅表处于同一直线段的长度。

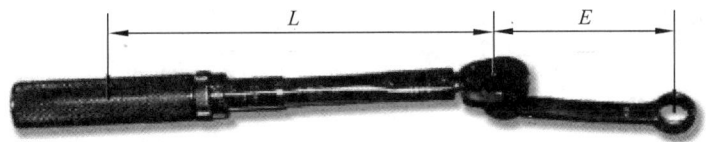

图 4-11 扳手前连接加力杆

（1）修正计算 1，如图 4-12 所示。

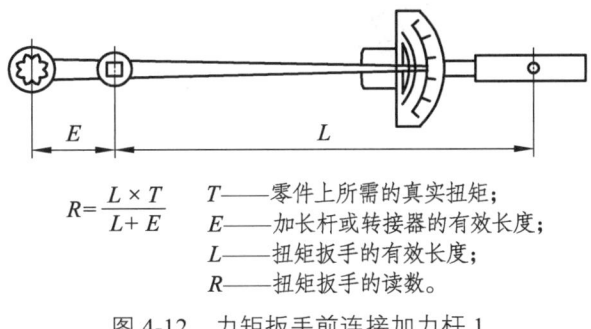

$$R = \frac{L \times T}{L + E}$$

T——零件上所需的真实扭矩；
E——加长杆或转接器的有效长度；
L——扭矩扳手的有效长度；
R——扭矩扳手的读数。

图 4-12 力矩扳手前连接加力杆 1

（2）修正计算 2，如图 4-13 所示。

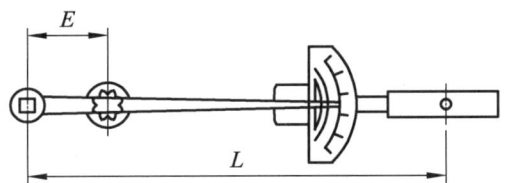

$$R = \frac{L \times T}{L - E}$$

T——零件上所需的真实扭矩；
E——加长杆或转接器的有效长度；
L——扭矩扳手的有效长度；
R——扭矩扳手的读数。

图 4-13 力矩扳手前连接加力杆 2

（3）修正计算 3，如图 4-14 所示。注意扳手和加力杆成 90°。

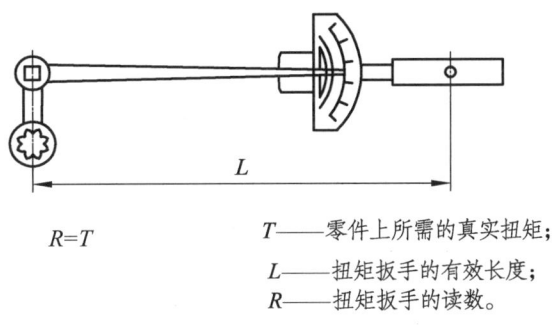

$R = T$

T——零件上所需的真实扭矩；
L——扭矩扳手的有效长度；
R——扭矩扳手的读数。

图 4-14 力矩扳手前连接加力杆 3

3. 力矩扳手的使用

日常维修过程中，常用的力矩扳手如图4-15所示，使用过程中应该遵循如下注意事项。

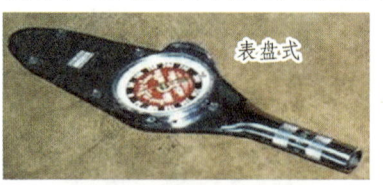
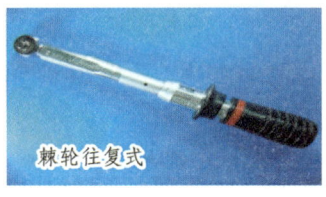
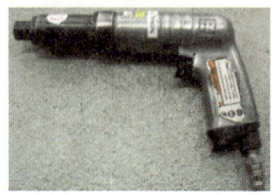

（a）定矩扳手　　（b）测矩扳手　　（c）定矩螺丝枪

图 4-15　常用力矩扳手

1）使用前

（1）检查有效期标签；确定力矩扳手的量程、最小刻度、单位及精度范围。

（2）外观检查，确认结构完好、无损伤，必要时还应进行实时校验。

2）使用时

（1）扭力扳手是精密测量工具，通常不作为拆装工具使用。

（2）手应握在扳手规定的施力点，并与扳手呈90°平稳施力，如图4-16所示。

（3）除手册特别指明或施工条件不允许，通常只能在螺帽端加载。

（4）精配合（Close Ream）螺栓必须在螺帽端加载。

（5）发现力矩过大，应拧松紧固件，重新加载。

（6）当使用转接器而导致扳手长度变化时，必须修正扭力扳手指示值。

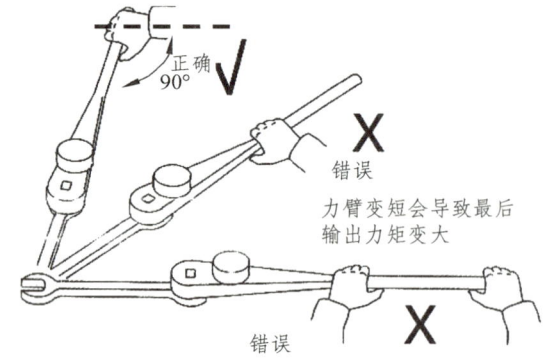

图 4-16　力矩扳手的正确施工方式

4. 力矩扳手使用注意事项

（1）所有的力矩扳手必须定期进行校准，使用前检查力矩扳手的计量日期、计量单位、计量量程。

（2）检查外表有无损坏，指针是否灵活转动。

（3）力矩工具属于测量工具，要轻拿轻放。

（4）力矩扳手不能乱扔，不能用榔头敲击扳手，不要将其当扳手使用。

（5）对于指针式力矩扳手要检查指针位置。

（6）使用的力矩值，处于力矩扳手的量程中间，以减少误差。

（7）不同的力矩扳手其加长力臂是专用的，不能混用。

（8）使用力矩扳手前，紧固件的拧紧度不超过标准力矩值的 70%。

（9）用单手握着力矩扳手，用力要在一个平面上，拧紧动作要柔和，确保静态加载到要求的力矩值。

（10）没有特殊的要求时，不要用万向头打安装力矩。

（11）不允许用一把力矩扳手校验另一把力矩扳手。

（12）棘轮往复式使用完力矩扳手后，应将力矩扳手调节到最小刻度处。

注意：力矩扳手只能用来磅紧，不能用来拆卸紧固件。

视频：力矩扳手使用案例

（四）紧固件保险

在航空器上对紧固件除了规定拧紧力矩要求外，还要求采用某些措施以防止它们的松动，这些措施称之为"保险"。

保险有两大类：摩擦类、机械类。摩擦类保险指通过增加螺纹间的摩擦力防止松动，有弹簧垫圈、双螺帽、自锁螺帽、自锁垫圈等；机械类保险是通过机械手段限制螺纹紧固件的相对运动，有保险丝、保险钢索、开口销、锁片（保险片）、弹簧卡环、卡簧（别针式）。

1. 弹簧垫圈保险

弹簧垫片一般用在受力不大的部件。靠弹簧的弹性形变产生的回复力来增大螺纹间的自锁力达到保险目的，如图 4-17 所示。弹簧垫片可以重复使用，所以在安装前要确定弹簧垫片是完好的，并且没有被压平。由于弹簧垫片是不平整的，所以应该在弹簧垫片与部件之间安装平垫片，安装的目的是保证受力均匀和防止弹簧划伤部件。

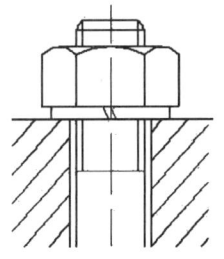

图 4-17 弹簧垫圈保险

2. 自锁螺帽

自锁螺帽主要用于轴承件和操纵钢索滑轮的固定、一般附件的安装、检查口盖的安装以及某些发动机零附件的安装等。这种螺帽在严重振动环境下不松动，但它不能用在螺栓受扭矩作用而使螺栓或螺帽可能转动的部位。如图 4-18 所示三种类型自锁螺帽。其中图（a）所示为低温自锁螺帽，图（b）所示为抗剪型低温自锁螺帽，图（c）所示为高温自锁螺帽。

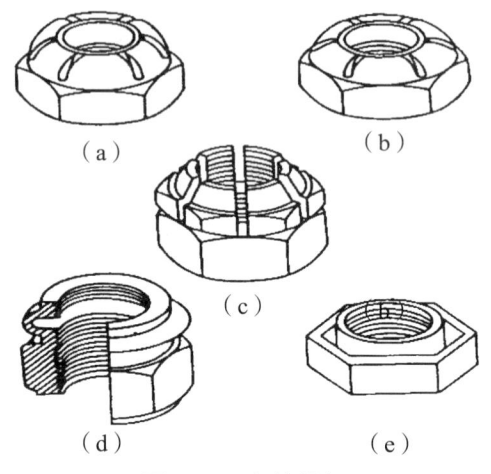

图 4-18 自锁螺帽

3. 双螺帽保险

双螺帽保险如图 4-19 所示，双螺帽中下螺帽是紧固螺帽，上螺帽是保险。其用于受力较大或紧固件需保持在某一特定的部位，比弹簧垫受力大，比开口销式螺栓定位灵活。

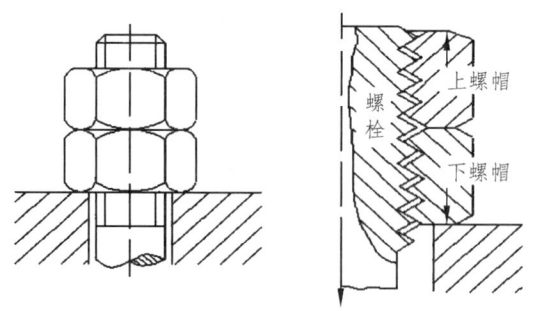

图 4-19 双螺帽保险

当紧固螺帽拧紧或到位后，用扳手固定，再在其上拧上一个保险螺帽。拧紧后使两螺帽互相压紧，中间螺杆部分被拉伸，从而增大螺纹摩擦力。

起紧固作用的螺帽拧紧后不应使其再转动，上方的为保险螺帽。维修工作中可以用双螺帽方式拆装螺桩。

4. 保险丝保险

保险丝保险是航空器维修使用最多的保险形式，使用灵活、方便，能将两个或两个以上的点用保险丝串联在一起，使它们相互牵制，任意一个点的活动都会受到其他点的限制，如图 4-20 所示。

图 4-20 保险丝保险样例

1)保险丝的材料

常见的航空器保险丝的材料、规格、用途如表 4-4 所示。

表 4-4 常见保险丝材料对照

材质	直径/in	用途
蒙乃尔合金	0.020,0.032,0.040,0.051,0.091	高温区的紧固件保险
不锈钢	0.020,0.032,0.041,0.047,0.091	常用于工作温度低于700℉的紧固件保险
铝合金(5056)	0.020,0.032,0.041,0.047,0.091	用于镁合金部件,防电化腐蚀
铜线	0.020	应急设备、电门等,用于说明设备是否被操作使用过

2)保险丝的件号含义

关于保险丝的件号含义,用 MS20995C32 件号举例,如图 4-21 所示。

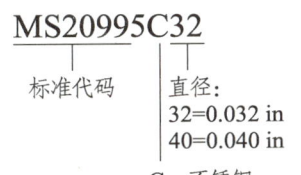

MS20995C32

标准代码 | 直径:
32=0.032 in
40=0.040 in

C:不锈钢
NC:蒙乃尔合金
N:因基合金
AB:铝合金(蓝色)
CY:铜(黄色)

图 4-21 保险丝件号表示标准、材料和直径

3）保险丝使用的基本规则

（1）每次打保险必须用新的保险丝，不能重复使用。

（2）对将用于保险部位的保险丝应检查：无腐蚀、无压痕、无损伤和急剧弯折变形，在编结段不得有任何损伤（否则会因振动断裂）。

（3）保险丝按 MS20995 使用镍合金，除非手册另有规定外。

（4）为防止电位腐蚀，在与镁接触的保险丝上使用 5056 铝合金覆盖层。

（5）仅当手册说明允许时防腐和防热的保险钢索才可作为保险丝的替代品。这些说明只允许保险钢索安装在直径小于和等于 0.250 in 的螺栓和螺钉上，其头部中央有钻通的孔。保险钢索不能安装在六角头角边有钻孔的紧固件上。

（6）保险丝、保险钢索拆下后不能再继续使用。

（7）保险丝结尾长度打 3～6 圈（保险丝直径小于 0.032 in）。向后或向下弯以保护保险丝的端部并使其不能钩住别的东西。

4）单股保险丝的应用

（1）单股保险丝通常用于窄小空间内闭环结构、电子系统上的零件和不适用双股保险经常拆卸的地方，其形式如图 4-22 所示。

（2）当使用单股方法时，应使用能通过保险孔的最大标准尺寸的保险丝。

（3）用单根保险丝串联时要注意保险丝穿孔时的走向，既当螺钉、螺帽开始松动时，封闭的保险丝圈将受力阻止松动。这种串联的螺钉数以保险丝长 24 in（609 mm）为限。

（4）单股保险丝结尾长度应在 1/4～1/2 in，要求不少于 4 个圈。

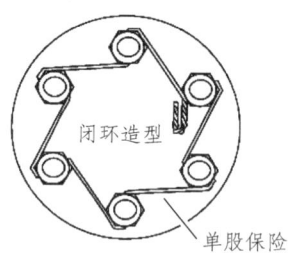

图 4-22　单股保险

5）双股保险丝的应用

（1）除了手册说明中有规定，所有保险丝均需用双股的方法，双股保险形式如图 4-23 所示。

（2）对于直径大于等于 0.032 in 的保险丝，保险丝直径必须占将要穿过的孔径的 1/3～3/4。

（3）直径为 0.020 in 的保险丝能用于保险丝孔直径为 0.045 in 或更小的装置上，或者是零件相距小于 2 in 并且保险丝孔直径是 0.045～0.062 in。

（4）对多个紧固件组，如果多个紧固件彼此间隔 4～6 in，用同一根保险丝保险的紧固件不能超过 3 个。如果多个紧固件彼此间隔超过 6 in，不能把它们串在一起打保险，如果多个紧固件彼此间隔小于 4 in 时，最长允许使用一根 24 in 的保险丝将不多于 4 个紧固件连在一起进行保险。

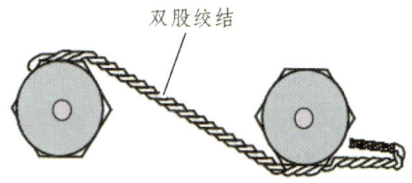

图 4-23 双股保险

保险丝的拉紧方向取决于紧固件螺纹的旋向（左/右螺纹），正确方向应为锁紧紧固件的方向，这是整个施工中最为关键的一环，如图 4-24 所示。

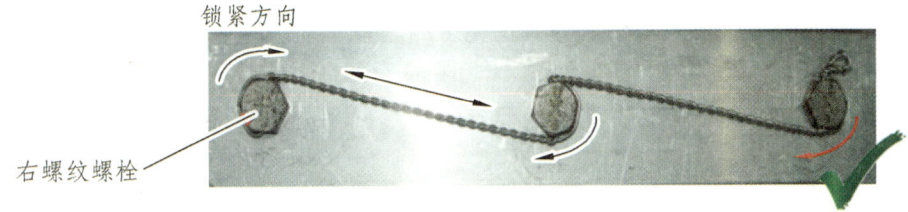

正确

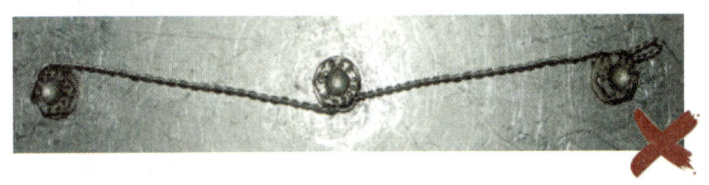

错误

图 4-24 双股保险拉紧示意图

6）双股保险丝施工方法

双股保险丝施工方法包括不使用保险丝钳保险的施工方法（手工编花）和使用保险丝钳保险的施工方法（保险丝钳编花）两种。

（1）不使用保险丝钳制作保险的施工。

不使用保险丝钳制作保险的施工方法，即手工编花，如图 4-25 所示。

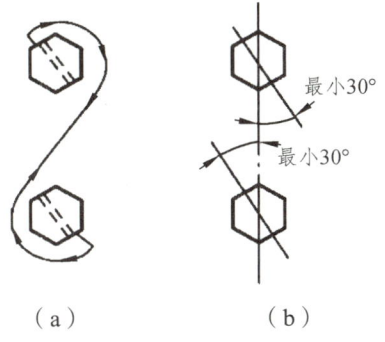

图 4-25 不使用保险丝钳保险的施工方法

① 工具。

剪钳（斜口钳）：用于剪断保险丝。

鸭嘴钳或尖嘴钳：用于拧弯和弯折保险丝。

② 注意事项。

工作过程中需要剪切、拆除保险丝，这个过程有可能会划伤皮肤或造成其他的伤害。正常情况下，不要用保险丝做控制部件或开关的限动装置。

③ 操作程序。

a. 准备工作。

确保所有的保险孔都是可用的（没有堵塞、变形）。

确保螺纹紧固件拧紧到规定力矩范围。

再次确定所选择的保险丝是新的并且是完好的。

b. 实施。

剪切一段保险丝，长度应该在预计要实施的保险长度的 1.5~2 倍，如果不能确定可适当加长。

选择合适的保险丝孔，如图 4-26 所示。

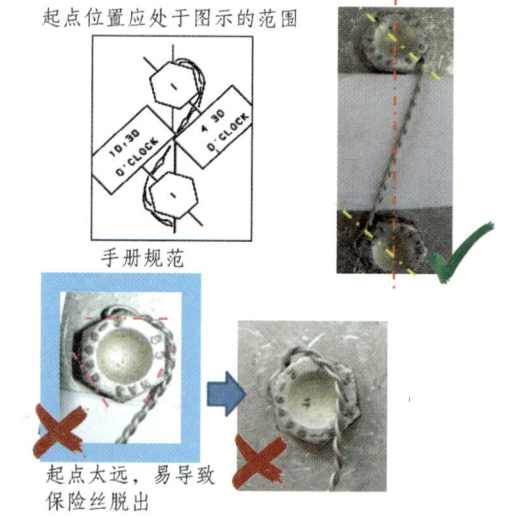

图 4-26　保险丝孔的选择

将保险丝穿入保险孔，绕螺栓头后打折，用孔出口的一头压住绕螺栓头的另一头，而后打结（线压绕线），结必须打在保险丝的出口。结的第一扣角度为：对于对穿孔，第一扣为 120°；对于边角孔，第一扣为 60°。

以 60° 的角度继续编结保险丝，编结过程要保持拉紧保险丝。当所编结的辫子末端距离下一个螺栓距离小于 3 mm（0.118 1 in）时即可停止编结。

将在上面的一头穿入螺栓孔，重复上面步骤。

保险丝从最后一个螺栓头穿出后，以 80° 的角度继续进行编结，最后留 3~5 个扣作为收尾，多余的部分应剪掉。

收尾段顺保险丝的走向弯曲即可。

c. 检查。

再次确认拆卸螺栓前拆除的旧保险及本次保险作业剪切下的保险丝头已经从航空器上清除。

保险旋向正确（是将螺栓向紧的方向拉）。

完成的保险没有损伤。

不使用保险丝钳保险的施工方法如图 4-27 所示。

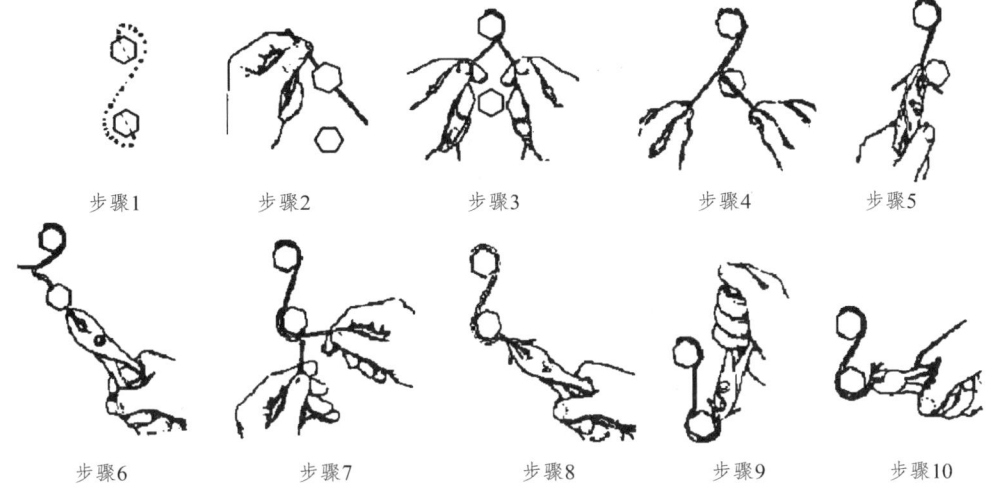

图 4-27 不使用保险丝钳保险的施工方法

（2）使用保险丝钳保险的施工。

使用保险丝钳保险的施工方法也叫作保险丝钳编花。

① 使用正确的工具和工艺。

在安装过程中，保险丝不能有任何损伤、扭曲或损坏。在扭转保险丝时，由保险钳造成的擦伤是允许的。应确保保险钳夹紧面的边缘有足够大的圆角，以防损伤保险丝。使用保险钳时应戴护目镜。

视频：保险丝施工

② 工具。

护目镜：用于安全防护；

剪钳（斜口钳）：用于剪断保险丝；

鸭嘴钳或尖嘴钳：用于拧弯和弯折保险丝；

保险钳：一种专用工具，集剪钳和鸭嘴钳的功能于一身，并且可以自动扭编结，打出来的编结均匀美观，如图 4-28 所示。

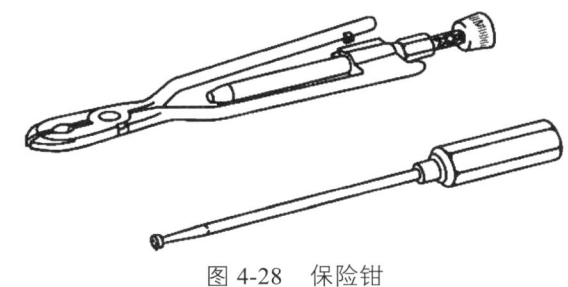

图 4-28 保险钳

③ 操作程序。

a. 准备工作。

确保所有的保险孔都是可用的（没有堵塞、变形）。

确保螺纹紧固件拧紧到规定力矩范围。

再次确定所选择的保险丝是新的并且是完好的。

b. 实施。

剪切一段保险丝，长度应该在预计要实施的保险长度的 1.5~2 倍，若不能确定可适当加长。

选择合适的保险丝孔。将保险丝穿入第一个螺栓保险孔，绕螺栓头后打折，用孔出口的一头压住绕螺栓头的另一头（穿线压绕线）。

用保险丝钳夹取合适的长度进行拧花，编花的密度根据保险丝的直径可以查表得出。

保险丝的捻绕处与任何零件的保险丝孔距离应在 1/8 in 以内。

对准第二个螺栓的保险孔插入保险丝，用保险钳夹住保险丝的末端并拉直。

用孔出口的一头压住绕螺栓头的另一头（穿线压绕线）。

夹紧保险丝的松脱部分并逆时针方向扭转保险丝末端直到紧固。

留 3~5 个编花作为收尾，剪去多余的保险丝。

收尾段顺保险丝的走向弯曲即可，如图 4-29 所示。

结尾太长并且未　　　结尾段未绞结、拧紧
向内弯曲

图 4-29 保险丝结点示意图

c. 检查。

再次确认拆卸螺栓前拆除的旧保险及本次保险作业剪切下的保险丝头已经从航空器上清除。

保险旋向正确（是将螺栓向紧的方向拉）。

完成的保险没有损伤。在扭转保险丝时，由保险钳造成的擦伤是允许的。

7）对螺栓、螺钉和螺桩打保险

安装保险丝使得通过紧固件的线圈在紧固件将松动时被拉紧。图 4-30 所示的典型安装是针对右旋螺纹紧固件的。对左旋螺纹紧固件应使用相反的方向。不通过保险孔的回线能绕过或跨过紧固件，但保险丝必须拧持住。

保险丝的绞结和拉紧：

为防止绕边的保险丝松脱，应将其压在穿孔的保险丝下方，这也决定了保险丝绞结时的旋转方向，如图 4-31 所示。

① 绞结应均匀对称，并且单位尺寸上的结数应满足工艺要求。

② 在安装孔处的保险丝应尽量贴紧孔壁，并拧紧。

③ 应拉紧保险丝，但不得反复绷紧保险丝，拉紧的参数值如图 4-32 所示。

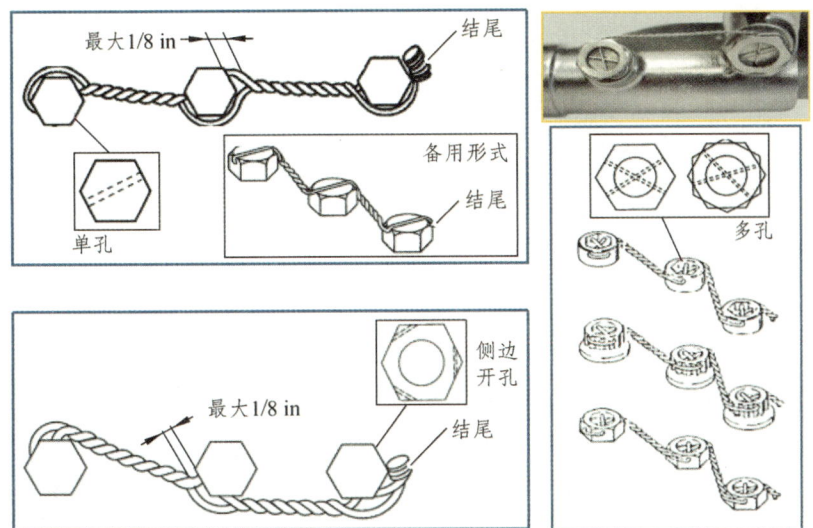

图 4-30 保险丝连接样例

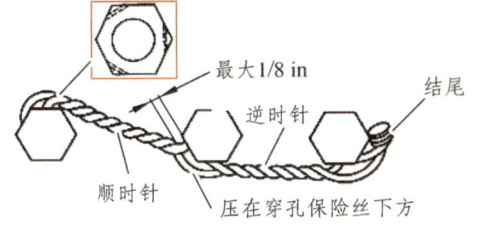

图 4-31 保险丝旋转方向

视频：保险钳使用

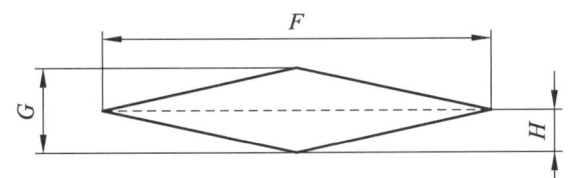

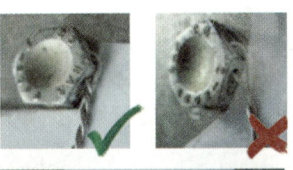

保险丝弯曲极限尺寸		
F/in（保险丝跨度）	G/in（双向极限）	H/in（单向极限）
0.5	0.125	0.063
1.0	0.250	0.125
2.0	0.375	0.188
3.0	0.500	0.250
4.0	0.500	0.250
5.0	0.625	0.313
6.0	0.625	0.313

（a）拉紧程度　　　　　　　　　　（b）常见错误

图 4-32 保险丝拉紧要求

5. 开口销保险

开口销分为纵向保险和横向保险，一般用于螺桩、螺栓、销子上，单个存在，其结构与实物如图 4-33、图 4-34 所示。

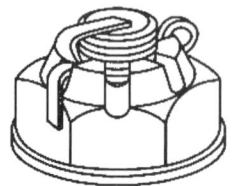 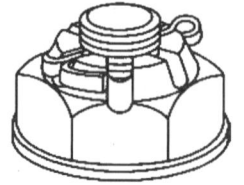

（a）纵向保险　　　　（b）横向保险

图 4-33　开口销纵向保险和横向保险

图 4-34　开口销保险施工样例

1）开口销保险法的基本原则

（1）开口销直径选择要合适，穿入后有一定摩擦力，一般为孔径的 80%～90%。

（2）弯在螺帽顶上的开口销尾端不能超出螺栓直径（长出部分可以剪掉）。

（3）贴在螺帽侧的开口销尾端不能过长，以免碰到垫圈表面。长出部分可以剪掉，剪掉时要用手遮挡一下，防止飞溅到眼睛内。

（4）穿开口销时，一般规则是从（航空器）前向后穿，从上向下穿。

（5）如采用横向保险的形式，保持开口销的两尾端贴近在螺帽侧面上。

（6）开口销尾端应保持相当的弯曲弧度，陡折弯角会导致断裂。用木榔头敲弯成形是最佳施工法。

（7）每次工作必须使用新的开口销，开口销不得重复使用。

2）开口销施工方法

（1）对正保险孔。为了便于观察，可预先在螺杆上对正开口销孔处做一个记号，当螺帽拧到规定紧度后，检查螺杆上的开口销孔与螺帽的缺口是否对正。如果螺帽的紧度合适，但开口销孔并未对正，应用更换垫圈的方法使孔对正。禁止用拧松螺帽的方法使孔对正，禁止用欠力矩或超力矩的方法使孔对正。螺帽槽上保险孔的位置要求如图 4-35 所示。

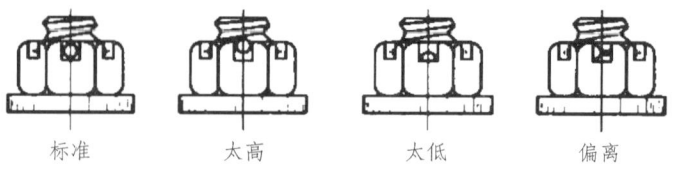

标准　　　太高　　　太低　　　偏离

图 4-35　螺帽槽上保险孔的位置

（2）插开口销。选择与螺杆孔孔径大致相同的开口销插入螺杆孔内，为了插得牢靠，可轻敲开口销的头部。

（3）分开、打牢开口销。

下面介绍横向保险与纵向保险。

（1）横向保险。

将开口销插入孔内，把头部推到紧贴螺帽缺口，将开口销尾部沿螺帽棱面向两侧分开再切除开口销在螺帽外侧的多余部分，然后用平头冲将开口销的尾部分别打入螺帽的两个缺口内。打紧时，应防止平头冲损伤螺帽或螺纹。打好后，用手轻轻拨动开口销的尾部，尾部没有翘起或晃动，保险才算合格。

在较狭窄的部位，如果用上述保险方法不便操作，也可先将开口销的尾部用钳子弯成钩形，再压入螺帽的缺口内，但必须保证保险的质量合格。施工过程及要求如图 4-36 所示。

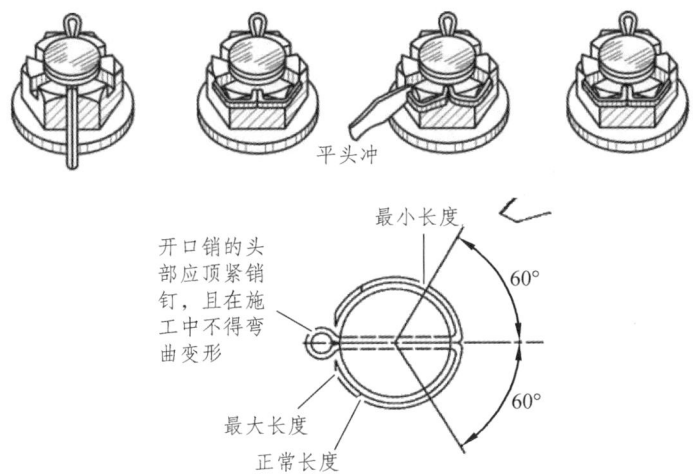

图 4-36　横向保险施工样例及要求

（2）纵向保险。

将开口销插入保险孔内，把尾部沿螺杆的轴线方向分开（俗称上下分），并分别紧贴在螺杆的端面和螺帽边上，螺杆端面的开口销尾端长度不超过螺杆的半径，切去多余部分。螺帽边上要求开口销尾端长度以不触及螺帽垫圈为准。纵向开口销保险的打法及质量要求如图4-37 所示。

纵向开口销在施工过程中，如果遇到上部无法弯曲的情形，可参照图 4-38 所示方法执行。

3）开口销的拆除

开口销的拆除应满足以下要求（操作参考图 4-39）：

（1）拆除开口销的时候，应首先将尾端尽量弯直，再用尖嘴钳夹住环眼向外拔，这样拆下的开口销仍是完整的一根；

（2）注意不可用力过猛，以免造成人身伤害或损伤航空器。

（3）切忌图方便将尾端剪断，因为当开口销日久生锈或螺帽有松动趋势时，其会非常难拔出，若不能从环眼一端拔出时，还可以从另一端拔出。

（4）若腐蚀可渗透煤油、渗透剂、除锈剂等。

（5）在剪断开口销的时候，应采取措施避免开口销断头飞出伤人或掉入航空器内部。

（6）工具和开口销必须放在托盘内，而不得直接放在航空器上。

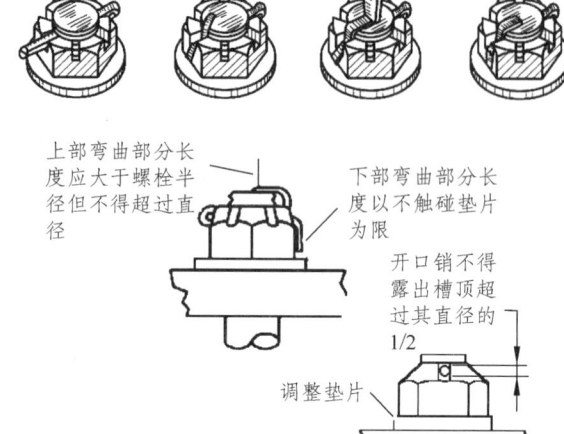

图 4-37　纵向开口销保险的打法及质量要求

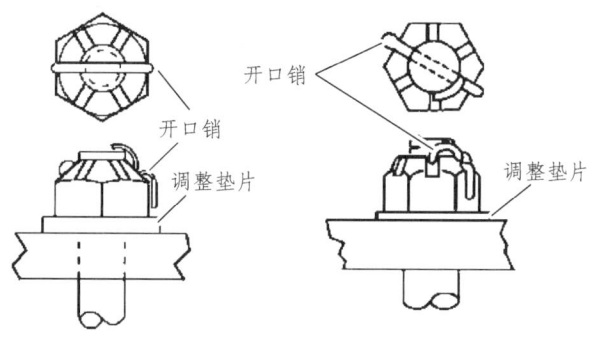

（a）常见形式　　（b）用于上部无法弯曲的场合

图 4-38　纵向保险样式

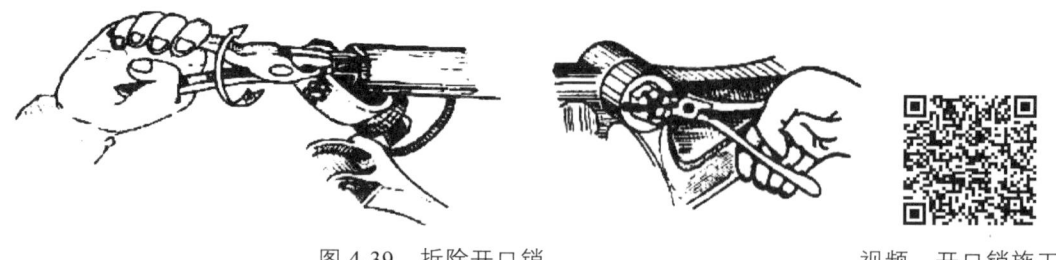

图 4-39　拆除开口销　　　　　　　　　　视频：开口销施工

（五）机械综合训练平台

1. 设备简介

机械综合训练平台主要模拟飞机装配狭小空间，训练学生装配维修技能。训练台采用可移动台架结构，由台架、下罩和模拟机身内腔的上罩子组成，上罩子上开有四个口盖，供学生伸手操作。台架底部的下罩可拆卸，底部装有脚踏气泵和电源插座。

训练台由构架、操作系统、气路系统、电气系统等组成，如图 4-40 所示。

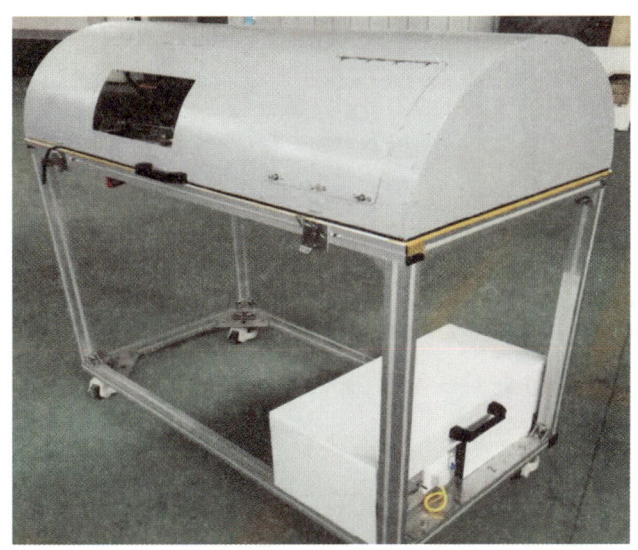

图 4-40　训练台实物图

台架采用 40 mm×40 mm 的铝合金型材组装成形，构架的长为 1 250 mm，宽为 650 mm，工作台面至地面的距离为 860 mm，工作台面用 5 mm 厚的铝板，下面装有福马 100F 的轮子，人可以站在工作台旁边操作，上部装有可翻转动打开的盖子，并开有供实训操作的口盖，上盖合上后，学员可从口盖中伸手进入罩中进行实训操作。

台架上装有面板，面板上装有电动缸操纵系统、气路系统和电气系统，具体如图 4-41 所示。

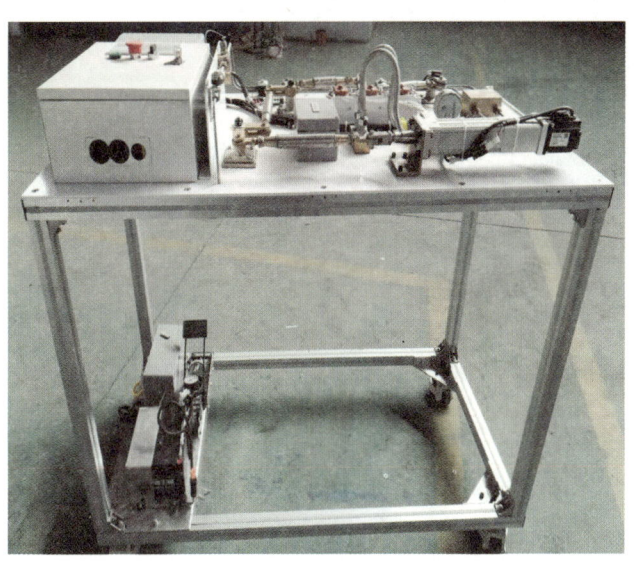

图 4-41　实训操作台系统布局

台架由铝合金框架、福马支撑转向轮和台架罩组成，如图 4-42 所示。

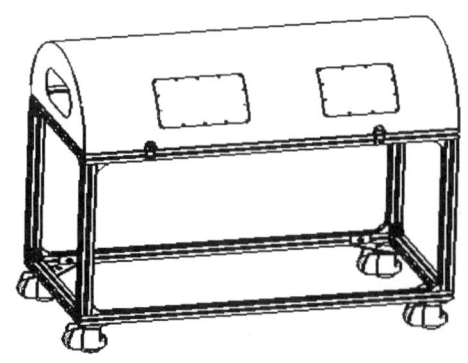

图 4-42　实训台台架

台架罩由铝合金蒙皮和型材铆接装配为一体，罩子开有 4 个口盖，供学员装配与维修操纵、管路、电气系统，具体如图 4-43 所示。

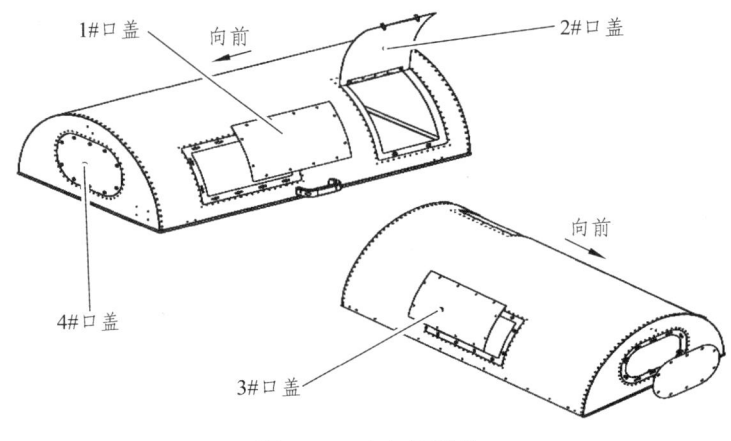

图 4-43　台架罩结构

2. 操纵系统简介

操纵系统装于工作台面上，可由 PLC 控制的电动缸驱动操纵系统运动，在中立位置电机会自动停下，检查中立位置安装的准确性。在中立位置处，各摇臂与支座有刻线，提供装配位置检查用，拉杆推动方向舵左右旋转，为了安全，方向舵装于台面的下方，左右和中立位置调到位后有一个插销用来检查位置的准确性。各拉杆采用航标标准，各连接处按航标要求装配，装有保险。共有 4 处摇臂，摇臂内镶有衬套以增加摇臂的使用寿命，各摇臂转轴孔处装有 GB1153 油嘴，供使用完后加油。系统采用开槽螺母，装有开口销，如图 4-44 所示。

3. 气路系统简介

气源选用脚踏式的气泵供气，气压控制在 0.3 MPa，装有 Y60 的压力表，供加压和保压指示，压力达到要求时各用截止阀关闭，以防从气筒中泄漏。

各管接头按 HB4 标准设计制造，各硬管采用不锈钢导管，分别选用 G4 和 G6 两种，用 74°锥面密封。接头安装完成后，做保压试验合格后再装保险。

配有 2 根软管，接头与硬管相同。

试验完成后，可打开 HB4-69 堵头进行泄压。

在管子间装有管夹固定导管,如图 4-45 所示。

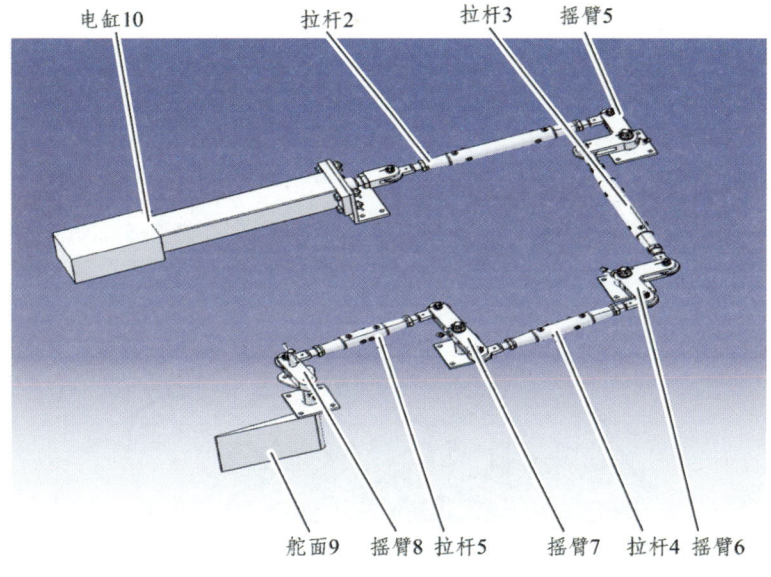

图 4-44 操纵系统组成

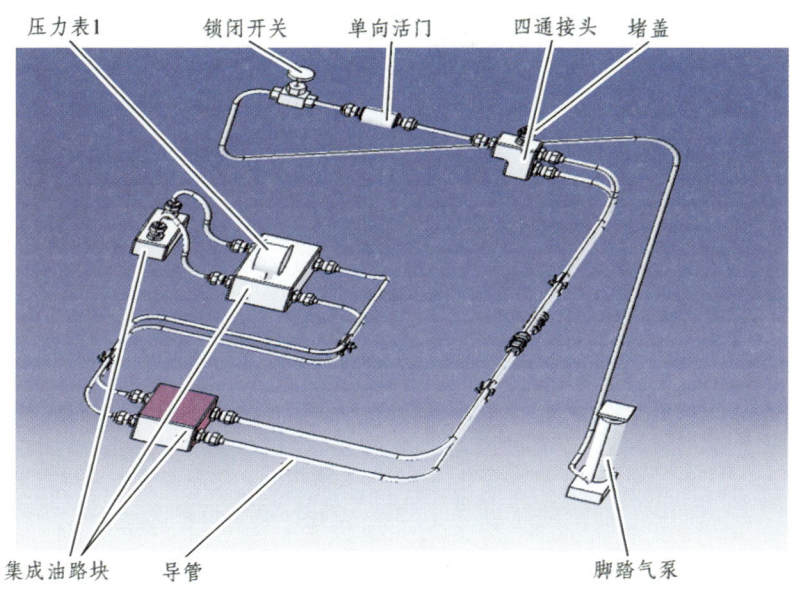

图 4-45 气路系统组成

四、任务实施

请结合前面对机械拆装模拟设备(PFCU,见图 4-46)的学习,按拆装工卡(见表 4-5)要求完成机械拆装,完成时间 3 h。本任务实施过程中需要注意以下几个方面的内容:

(1)正确阅读并理解使用手册。

视频:PFCU 系统组成

(2)掌握飞机操纵系统基本知识。
(3)定力扳手的正确使用。
(4)目视检查系统中的可见故障。
(5)选择适当的工具进行飞机部件的拆卸和装配。
(6)保险丝、开口销的正确使用。
(7)使用辅助工具。
(8)清理、清洁及安全文明生产。

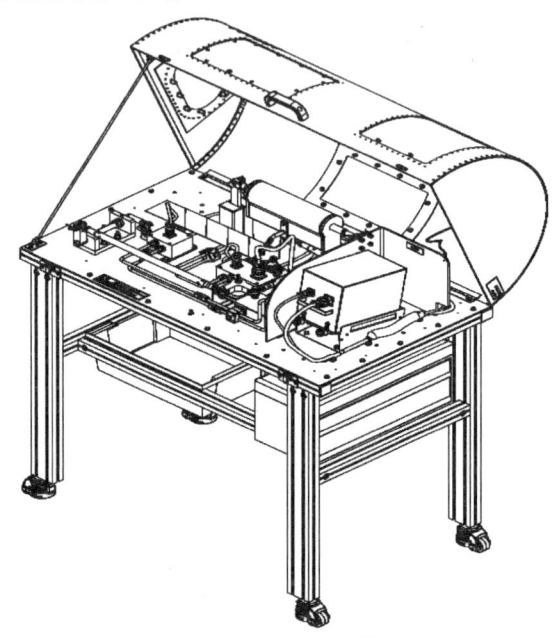

图 4-46　PFCU 训练台

表 4-5　外场可更换单元 LRU 机械拆装工卡

项目	项目要求
1. 准备	
（1）口盖 （2）检查 HST （3）故障报告 （4）确定液压断开	（1）按要求拆卸，并将口盖安全地放置在货架上。 （2）检查 HST 是否符合适航条件。 （3）完成故障报告，并提交给专家。 （4）向专家确认，放置警示标志
2. 拆卸	
（1）PFCU 柔性液压软管。 注意：确保螺栓和螺母成套保存，以防重新装配的时候错装。 （2）PFCU 输入操纵杆。 （3）PFCU 固定端和冲压端螺栓。 （4）PFCU （5）PFCU （6）PFCU	（1）从 PFCU 总管上拆下保险丝，并从 PFCU 上断开。 （2）拆下开口销，并从 PFCU 输入杆上断开。 （3）拆下开口销、螺母和垫圈。标注厚垫圈和薄垫圈的位置。 （4）支撑 PFCU 体，拆下附加螺栓（2 个）。 （5）从 HST 上拆下。 （6）检查环端球轴承

续表

项目	项目要求
3. 安装 （1）PFCU。 （2）PFCU 附加螺栓。 （3）PFCU 输入操纵杆，PFCU 液压软管	（1）在 HST 上定位并调整环端。 （2）安装的时候确保螺栓方向和垫圈位置正确。在这个阶段不能给螺母设定扭矩载荷或安装开口销。 （3）连接的时候不能给螺母设定扭矩载荷或在这个阶段装开口销。连接并紧固，确保紧固过程中软管路径正确
4. 拆卸内曲柄 确保每个附带的螺栓和螺母都成套保存，以防开口销孔位置对不上。 （1）内曲柄组件输入和输入操纵杆附带的螺栓。 （2）内曲柄枢纽块。 注意：本过程中，如果有两套孔可以装螺栓，在重新安装时，应该装在另一套孔上。 （3）内曲柄组件	（1）拆下开口销并从内摇臂输入和输出杆断开输入和输出操纵杆臂。 （2）拆下安装螺栓（X2）从 HST 上拆下内曲柄组件。 （3）从枢纽块螺柱上拆下开口销、螺母和垫圈，并从枢纽块上拆下曲柄杆臂
5. 内曲柄检查 （1）曲柄杆。 （2）曲柄杆枢纽块螺柱。 （3）曲柄杆和枢纽块。 （4）曲柄组件	（1）清洁并检查，在曲柄和滚针轴承直接按不能有轴向移动。 （2）检查螺纹是否有损伤。 （3）重新装配，重新安装螺母和垫圈，扭矩载荷值见 HST 扭矩表（PFCU 维护手册）。安装开口销。 （4）确保灵活转动
6. 内曲柄安装 （1）内曲柄组件。 （2）枢纽块。 （3）内曲柄输出/PFCU 输入操纵杆	（1）安装在备选安装孔上。 （2）套上安装螺栓（X2），用手带紧，然后使用 HST 扭矩表中给定的扭矩值拧紧（PFCU 维护手册）。 （3）重新连接到内曲柄组件输出杆，安装附带的螺栓和螺母，使用 HST 扭矩表中给定的扭矩值拧紧（PFCU 维护手册），安装开口销
7. 安装 （1）外曲柄组件。 （2）外曲柄输出操纵杆。 （3）内曲柄输入操纵杆	（1）断开外曲柄/内曲柄输入操纵杆，从 HST 上拆下。 （2）拆下所有的保险丝，并松开两个环端防松螺母。 （3）重新连接输入操纵杆。在这个阶段不能使用扭矩紧固螺母或安装开口销

续表

项目	项目要求
8. 拆下外曲柄	
（1）外曲柄输入操纵杆。 （2）外曲柄安装螺栓。 （3）外曲柄枢纽块	（1）从外曲柄/扭矩管输出杆上断开操纵杆。 （2）拆下安装螺栓（X2），从 HST 上拆下外曲柄组件。 （3）从枢纽块螺柱上拆下开口销、螺母和垫圈，并从枢纽块上拆下曲柄杆臂
9. 检查	
（1）曲柄杆。 （2）曲柄枢纽块螺柱。 （3）曲柄杆和枢纽块。 （4）曲柄组件	（1）清洁并检查，确保曲柄和滚针轴承之间没有轴向移动。 （2）检查不能有螺纹损伤。 （3）重新装配，重新安装螺母和垫圈，使用 HST 扭矩表中给定的扭矩值拧紧（PFCU 维护手册），安装开口销
10. 安装	
外曲柄输出/内曲柄输入操纵杆	重新连接外曲柄组件输出杆，安装附带的螺栓，在这个阶段不能用扭矩紧固螺母或安装开口销
11. 外曲柄操纵调整	
（1）扭力管组件。 （2）扭力管输出操纵杆。 （3）装配销。 （4）扭力管输出操纵杆。 （5）扭力管输出操纵杆。 （6）扭力管输出操纵杆环端。 （7）扭力管输出操纵杆。 （8）重新安装输出操纵杆	（1）断开输出操纵杆，并从 HST 上拆下。 （2）拆下所有保险丝，并松开两个环端防松螺母。 （3）确定拆下。 （4）重新连接到扭力管输出杆和外曲柄杆，用手带紧。 （5）调整长度，对准外曲柄上的检查标记。 （6）确定防松螺母安全紧固。 （7）从 HST 上拆下，并给防松螺母装保险丝。 （8）重新将外曲柄输入杆连接到扭力管输出杆。在这个阶段，不能用扭矩紧固螺母或安装开口销
12. 内曲柄操纵调节	
（1）输入操纵杆。 （2）操纵杆。 （3）装配销。 （4）输入操纵杆环端。 （5）输入操纵杆。 （6）输入操纵杆	（1）重新连接到外曲柄输出杆。 （2）调整长度，对准检外曲柄上的检查标记。 （3）确定装配无卡滞、顺滑。 （4）确定防松螺母安全紧固。 （5）从 HST 上拆下，并给防松螺母装保险丝。 （6）重新连接外曲柄输出杆和内曲柄输入杆。在这个阶段，不能用扭矩紧固螺母或安装开口销

续表

项目	项目要求
13. 操纵杆的最终安装以及运动自由度检查	
（1）操纵系统。 （2）扭力管组件输入操纵杆。 （3）装配销	（1）按照 HST 表（PFCU 维护手册）中的值拧紧螺母，并安装开口销。 （2）拧紧螺母至 HST 表中的数值（PFCU 维护手册）并安装开口销。 （3）装配销安装顺滑、无卡滞
14. PFCU 最终安装	
（1）PFCU 液压软管。 （2）PFCU 附带螺栓（2）。 （3）PFCU 输入操纵杆附带螺栓。 （4）所有操纵杆	（1）保险丝总成（4个）。 （2）拧紧螺母至 HST 表中的数值（PFCU 维护手册）并安装开口销。 （3）拧紧螺母至 HST 表中的数值（PFCU 维护手册）并安装开口销。 （4）按照 HST 表（PFCU 维护手册）中的值拧紧干扰操纵杆，并装开口销
15. 恢复	
（1）装配销。 （2）口盖	（1）拆下装上了的装配销。 （2）进行内部检查，并重新安装所有拆下的口盖（PFCU 维护手册），按照 HST 扭矩表（PFCU 维护手册）中的数值装紧紧固件

表 4-6　外场可更换单元 LRU 机械拆装评分标准

序号	工序	评分标准	配分
1	准备	（1）未保管好口盖上拆下的标准件，每处扣 1 分； （2）口盖未放置在橡胶垫或安全处，每处扣 1 分； （3）未对拆下的口盖进行目视检查，每处扣 1 分； （4）未对 HST 进行检查，扣 2 分； （5）故障每漏写一条，扣 0.5 分； （6）未向专家确认断电、断压，扣 2 分； （7）未放置警示标准，扣 2 分	8
2	拆卸	（1）未戴防护用品、拆除保险，每处扣 0.5 分； （2）保险未完全拆除或存在多余物，每处扣 0.5 分； （3）未正确使用工具、设备，每处扣 1 分； （4）未对拆下的部件进行保护及安全保管，每处扣 1 分； （5）未对 PFCU 支撑保护进行拆卸的，扣 2 分； （6）设备、零件及工具掉落的，每次扣 1 分； （7）未按工序操作，此项不得分	5

续表

序号	工序	评分标准	配分
3	安装	（1）未正确使用工具、设备，每处扣1分； （2）未对PFCU支撑保护进行安装的，扣2分； （3）设备、零件及工具掉落的，每次扣1分； （4）未按工序操作，此项不得分	6
4	拆卸内曲柄	（1）未戴防护用品，拆除保险每处扣0.5分； （2）保险未完全拆除及存在多余物，每处扣0.5分； （3）未正确使用工具、设备，每处扣1分； （4）未对拆下的部件进行保护及安全保管，每处扣1分； （5）设备、零件及工具掉落的，每次扣1分； （6）未按工序操作，此项不得分	5
5	内曲柄检查	（1）未清洁、检查，每处扣0.5分； （2）未正确使用工具、设备，每处扣1分； （3）未按手册定力、定力错误，每处扣1分； （4）设备、零件及工具掉落的，每次扣1分； （5）未按工序操作，此项不得分； （6）未戴防护用品保险，每处扣0.5分	5
6	内曲柄安装	（1）未正确安装，扣2分； （2）未正确使用工具、设备，每处扣1分； （3）设备、零件及工具掉落的，每次扣1分； （4）未按手册定力、定力错误，每处扣1分； （5）未戴防护用品保险，每处扣0.5分； （6）未按工序操作，此项不得分	8
7	安装	（1）未戴防护用品，拆除保险每处扣0.5分； （2）保险未完全拆除及存在多余物，每处扣0.5分； （3）未正确使用工具、设备，每处扣1分； （4）未对拆下的部件进行保护及安全保管，每处扣1分； （5）设备、零件及工具掉落的，每次扣1分； （6）未按工序操作，此项不得分	5
8	拆下外曲柄	（1）未戴防护用品、拆除保险，每处扣0.5分； （2）保险未完全拆除及存在多余物，每处扣0.5分； （3）未正确使用工具、设备，每处扣1分； （4）未对拆下的部件进行保护及安全保管，每处扣1分； （5）设备、零件及工具掉落的，每次扣1分； （6）未按工序操作，此项不得分	5

续表

序号	工序	评分标准	配分
9	检查	（1）未清洁、检查，每处扣 0.5 分； （2）未正确使用工具、设备，每处扣 1 分； （3）未按手册定力、定力错误，每处扣 1 分； （4）设备、零件及工具掉落的，每次扣 1 分； （5）未戴防护用品保险，每处扣 0.5 分； （6）未按工序操作，此项不得分	5
10	安装	（1）未正确安装，扣 2 分； （2）未正确使用工具、设备，每处扣 1 分； （3）设备、零件及工具掉落的，每次扣 1 分	5
11	外曲柄操纵调整	（1）未正确使用工具、设备，每处扣 1 分； （2）未对拆下的部件进行保护及安全保管，每处扣 1 分； （3）未戴防护用品保险，每处扣 0.5 分； （4）未检查操纵杆检查孔，每处扣 2 分； （5）设备、零件及工具掉落的，每次扣 1 分； （6）未按工序操作，此项不得分	10
12	内曲柄操纵调节	（1）未正确使用工具、设备，每处扣 1 分； （2）未对拆下的部件进行保护及安全保管，每处扣 1 分； （3）未戴防护用品保险，每处扣 0.5 分； （4）未检查操纵杆检查孔，每处扣 2 分； （5）设备、零件及工具掉落的，每次扣 1 分； （6）未按工序操作，此项不得分	10
13	操纵杆的最终安装以及运动自由度检查	（1）未正确安装及检查，扣 2 分； （2）未正确使用工具、设备，每处扣 1 分； （3）设备、零件及工具掉落的，每次扣 1 分； （4）未按手册定力、定力错误，每处扣 1 分； （5）未戴防护用品保险每处扣 0.5 分； （6）未按工序操作，此项不得分	6
14	PFCU 最终安装	（1）未正确安装及检查，扣 2 分； （2）未正确使用工具、设备，每处扣 1 分； （3）设备、零件及工具掉落的，每次扣 1 分； （4）未按手册定力、定力错误，每处扣 1 分； （5）未戴防护用品保险，每处扣 0.5 分； （6）未按工序操作，此项不得分	6

续表

序号	工序	评分标准	配分
15	恢复	（1）未正确安装及检查，扣2分； （2）未正确使用工具、设备，每处扣1分； （3）设备、零件及工具掉落的，每次扣1分； （4）未按手册定力、定力错误，每处扣1分； （5）未戴防护用品保险，每处扣0.5分； （6）未按工序操作，此项不得分	6
16	整理工作场地	（1）开工前未清点、检查工具，扣2分； （2）完工未清洁、清点工具，扣2分； （3）工作场地未清理，扣1分； （4）垃圾未分类处理，扣2分	5
17	总分	100	

五、机械拆装安全注意事项

（1）操作前要熟悉操作程序、要领和注意事项，以及工具的使用方法。

（2）操作时应当着制式服装，操作前检查纽扣是否牢靠，衣兜内是否有容易滑出、掉落的物品。

（3）在开始操作前和操作结束后都要清点工具，防止工具遗留在飞机和发动机上。

（4）操作前要采取得当措施，以防保险丝、开口销、垫片、工具等掉入飞机和发动机内部。

（5）从飞机和发动机上拆卸带管路的部分附件后，应当用专用堵盖、罩布将管口堵好、盖严，防止东西掉入。

（6）在操作过程中，严禁踩踏管路和电气设备，不得抓扯电气线路，不准把部附件和导管当支点进行借力操作。

（7）拆装机件过程中，要防止机件在分离和组合时脱落造成伤人损物。

（8）对易装错的接头、导管、电缆插头、导线，拆开前和分解时应当做好明显的安装、定位标记，复杂部位必须有对接图案或标签。

（9）操作过程中正确使用工具（量具、夹具）和擦洗用具，并按照规定方法操作。不得损伤支柱、活塞杆等金属保护层（镀铬层），不在航空装备上造成划伤、磨损、毛刺、缺口。

（10）防止腐蚀性液体掉在座舱有机玻璃、密封胶带及胶套等部件上。

六、技能提升

为进一步提高飞机机械部件拆装的水平，本次技能提升部分选取了飞机维修中常见的B737-500飞机机轮和刹车组件拆装任务。其拆装工卡如表4-7所示。

表 4-7　B737-500 飞机外侧主轮和刹车拆装工卡

B737-500 飞机外侧主轮和刹车拆装		
工卡内容		
工具和设备： 　地面安全销、轮轴千斤顶、机轮和刹车拆装专用工具（轮轴保护套（F72913-8）、螺纹保护套（F72913-11）、主轮轴螺帽套筒（F80168-3）、加力杆、机轮和刹车抬杆、轮胎充/放气工具（按需）、轮胎压力表、大磅表、小磅表、游标卡尺、接油盘、专用工具箱		
劳保用品、耗材、器材： 　手套、润滑脂（AeroShell Grease 22）、保险丝、开口销、毛巾		
注意事项： 　1. 确保所有起落架都安装了安全销。没有安全销，起落架就可以收回。这会导致人员受伤，设备损坏。 　2. 如果不安装拆下的机轮组件，放气轮胎，以防止运输过程中充气轮胎爆炸。 　3. 如果机轮组件没有损坏，可以接受在放气时在轮胎中留下大约 50 psi（345 kPa）或轮胎气压标准值 25% 的余压。在轮胎中留下大约 50 psi（345 kPa）或 25% 的余压可以防止机轮组件运输时对轮胎的损坏。 　4. 正确使用千斤顶和机轮、刹车拆装专用工具防止压伤人或设备		
工作步骤	工作者	检查者
一、准备工作 　1. 清点工具，确认工具处于正常状态。 　2. 清点耗材，核对耗材的件号和数量。 　3. 检查航空器中操作区域（见图 4-46～图 4-52 中所示），如发现异常状态，尽快向老师如实汇报。 　4. 清理工作场地，清除场地中的多余物		
二、手册查询 　1. 选择 B737-500 型飞机的适当手册，查出主轮和刹车拆装要求。 　主轮拆装章节号： 　刹车拆装章节号： 　2. 选择 B737-500 型飞机的适当手册，查出主轮和刹车件号。 　主轮件号：_____ 　刹车件号：_____		
三、操作流程 　1. 准备拆卸主轮 　警告：确保所有起落架都安装了安全销。没有安全销，起落架就可以收回。这会导致人员受伤，设备损坏。 　1.1　确保安装了安全销在前起落架和主起落架，参考 PAGEBLOCK 32-00-01/201 页。		

续表

工作步骤	工作者	检查者
1.2　其他轮子放好轮挡。 1.3　设置停留刹车。 注意：当设置停车制动器时，刹车盘动盘对齐以便机轮安装。如果刹车盘在刹车施压时没有对齐，则需要在安装机轮之前对齐刹车盘。 警告：建议一次只从主起落架上拆卸一个机轮组件。如果同时拆卸两个机轮组件，会导致飞机下沉，就会造成结构损坏和人员伤害。 1.4　用千斤顶顶起相应起落架，直到离地面一定距离，参考 PAGEBLOCK 07-11-31/201		
2. 机轮组件检查 警告：在拆卸机轮组件之前，必须将轮胎放气或对机轮组件进行检查，以确保在没有放气的情况下拆卸是安全的。对机轮进行检查，或按照以下程序对轮胎进行放气。有缺陷的机轮组件可能在拆卸期间或之后爆炸，如果不放气轮胎，会造成人员伤害或设备损坏。 2.1　按以下步骤，检查机轮组件，看在不放气情况下拆卸主轮是否安全，或放气轮胎： 注意：如果你安装拆下的机轮组件，放气轮胎，以防止运输过程中充气轮胎爆炸。 2.1.1　检查轮胎，确保没有漏气，擦伤，不寻常的磨损区域，扎伤或变平，参考 PAGEBLOCK 32-45-00/601。 2.1.2　检查机轮，确保没有机轮损坏，包括腐蚀，螺栓或螺帽的松动、损坏、丢失，过热损坏或裂纹，参考 PAGEBLOCK 32-45-00/601。 2.1.3　如果机轮组件有上述步骤中的任何一个状况，则必须对轮胎放气。 2.1.4　用轮胎放气工具将轮胎放气。 注意：如果机轮组件没有损坏，可以接受在放气时在轮胎中留下大约 50 psi（345 kPa）或 25%的余压。在轮胎中留下大约 50 psi（345 kPa）或 25%的余压可以防止机轮组件运输时对轮胎的损坏。 警告：确保所有人员都远离气门。如果在拆卸时气门吹掉，就会对人员造成伤害。 警告：不要在气门芯上使用太多的力。气门芯会弹出，留下气门嘴。 2.2　如果需要对轮胎进行放气，慢慢拧松气门芯放气		

续表

工作步骤	工作者	检查者
3. 拆卸主轮 3.1　拧松 8 颗快卸螺钉，取下轮毂罩盖（仅外主轮）。 3.2　拆除保险丝、螺栓和垫圈，拆下轮毂罩。 3.3　拆除轮轴螺帽上卡圈，用主起落架轮轴螺帽套筒 SPL-9825 拆卸轮轴螺帽。 注意：有些机轮有外轴承润滑脂密封圈。建议在拆卸机轮时将润滑脂密封圈和外部轴承保持在机轮中。 3.4　拆下垫圈和外机轮轴承。 3.5　在轮轴螺纹上安装螺纹保护套。 3.5.1　对于轴螺纹尺寸小的轮轴，使用小的螺纹保护套（F72913-14）。 3.5.2　对于标准尺寸轴螺纹的轮轴，使用螺纹保护套（F72913-11）。 3.6　使用机轮台车抬起机轮并拆下。 3.7　在轮胎上标明拆卸轮胎的原因，以帮助检查人员检查轮胎。 3.8　拆下螺纹保护套，将刹车轮轴保护套（F72913-8）安装在轮轴上		
4. 准备拆卸主轮刹车 4.1　从液压系统 A 和 B 施压，参考 PAGEBLOCK 29-15-00/201。 4.1.1　松开停车刹车。 4.1.2　踩刹车 12 次，以消除刹车蓄压器的压力		
5. 拆卸主轮刹车 5.1　从刹车液压脱开活门上拆卸三个螺栓和垫圈。 5.2　拆卸刹车液压脱开活门，将刹车液压脱开活门底座留刹车上。 注意：刹车脱开活门连接刹车液压软管部分密封了液压管路，以防止漏油和液压刹车系统污染。刹车液压脱开活门底座密封刹车，并允许在刹车附件修理时对其进行加油和放气程序。 5.3　拆卸刹车固定螺栓。 5.4　用刹车吊架从轮轴上拆卸刹车组件。 5.5　如果无法使用，则从轮轴上的刹车安装法兰上拆卸刹车安装座垫圈		
6. 检查 6.1　目测检查刹车安装法兰，包括螺栓孔，是否有腐蚀坑、掉块、裂纹或保护涂层的损坏。 6.1.1　如果发现腐蚀，修理起落架内筒，以完全清除腐蚀，参考 OHM 32-11-11 PAGEBLOCK 32-11-85/801。 6.1.2　如果发现保护层有损坏，如剥落、鼓包、磨损，基体金属暴露在外，请按下列步骤操作：		

续表

工作步骤	工作者	检查者
6.1.3 在下一次计划维护机中,去除现有的保护涂层。 6.1.4 目测检查刹车法兰孔是否有损坏的迹象,如腐蚀、刮痕或基体金属的磨损。 6.1.5 如果没有基体金属损伤存在,重新涂保护层。 6.1.6 如果发现有损坏,修理起落架内筒,以完全清除腐蚀,参考 OHM 32-11-11 PAGEBLOCK 32-11-85/801。 6.1.7 如果没有发现腐蚀,进行下一步。 6.2 目测检查刹车安装法兰之间的主轮轴是否有腐蚀迹象。 6.2.1 如果发现腐蚀,按 OHM 32-11-11 PAGEBLOCK 32-11-21/401)修理腐蚀。 6.3 检查轮轴刹车法兰是否有热损伤的迹象。 6.3.1 如果有热损伤的迹象,修理主轮轴,参考 PAGEBLOCK 32-11-85/801)		
7. 拆装开口销 7.1 在主起落架下支柱安装螺栓上拆装一个横向开口销(见图 4-51),参考 TASK 20-10-44-964-009。 7.2 在主起落架上防扭臂安装销上拆装一个纵向开口销(见图 4-51),参考 TASK 20-10-44-964-009		
8. 准备安装机轮刹车 8.1 刹车放气,参考 SUBTASK 32-41-41-874-072。 8.2 如果有必要,参考 SUBTASK 32-41-41-424-077 更换刹车安装座垫圈		
9. 安装主轮刹车 9.1 润滑刹车安装螺栓的螺纹。 9.2 用刹车吊架抬起刹车放在轮轴上的位置,让它的排气口向上。 9.3 安装刹车固定螺栓、垫圈和螺母,螺栓头指向轮轴的外端。 注意:在安装过程中,请确保正确的螺栓加持长度。正确的螺栓加持长度是 15/16 in。 确保螺栓头指向起落架轴的外端。不正确的螺栓定位将导致螺栓和机轮润滑脂密封圈之间的干扰。 警示:如果安装的锁紧螺母与拆卸的相同,必须进行检查,以确保锁紧螺母满足 SUBJECT 20-50-11 中给出的最小扭矩值。 9.4 按如下方式拧紧刹车固定螺栓。 9.4.1 第一次以交叉方式拧紧螺栓至扭矩 60 lb·in(81 N·m)~ 70 lb·in(95 N·m)。		

续表

工作步骤	工作者	检查者
注意：拧紧螺栓头，而不是螺母。 9.4.2 最后打一圈力矩，最后扭矩为 125 lb·in（169 N·m）～135 lb·in（183 N·m）。 9.5 将液压管路连接到刹车压力口： 9.5.1 用清洁的液压油润滑新的密封圈和两个备份封圈。 9.5.2 将密封和备用封圈安装在刹车液压脱开活门上。 9.5.3 在液压刹车脱开活门底座上涂润滑脂。 9.5.4 连接液压刹车脱开活门和刹车上的液压刹车脱开活门底座。 9.5.5 置液压刹车脱开活门于正确的位置，使刹车液压软管指向前方。 9.5.6 在 3 个安装螺栓的螺纹和螺柱上轻涂一层润滑脂。 9.5.7 安装 3 个螺栓（P/N BACB30NM4HK3）和 3 个垫圈（P/N BACW10BP4ACU）。 9.5.8 将螺栓紧固到扭矩 72 lb·in（8 N·m）～82 lb·in（9 N·m）。 9.5.9 在螺栓上打好保险丝。 9.6 拆下轮轴刹车保护套，装上轮轴螺纹保护套。 警告：不要在起落架刹车安装座上涂太多油脂。当刹车变热时，就会发生火灾。火灾会造成人员伤亡。 注意：不要用太多的油脂润滑配件，油脂过多会引起火灾。 9.7 完全清洁轮轴并轻涂一层润滑脂		
10. 刹车测试 10.1 A 和 B 液压系统打压，参考 PAGEBLOCK 29-15-00/201。 10.2 刹车排气，参考 PAGEBLOCK 32-41-00/201。 10.3 视情加液压油，参考 PAGEBLOCK 12-12-00/301。 10.4 对齐刹车片。 10.5 设置停车刹车		
11. 准备安装机轮 注意：如果需要安装主机轮组件的部件（轴承、封圈和其他部件），请执行这些步骤。 警示：确保新轮子与刹车来自同一生产商。不同生产商的机轮和刹车会造成损伤。 11.1 检查轮胎和机轮，参考 PAGEBLOCK 32-4500/601。 11.2 拆下轮轴保护套。		

续表

工作步骤	工作者	检查者
11.3　检查一下轮轴。 11.4　如果轮轴螺纹有凹痕、毛刺或螺纹划伤，对轴和轴螺母进行尺寸检查，参考 PAGEBLOCK 32-11-85/601。 11.5　清洁机轮内外轴承所在轮轴区域。 警示：不要在轮轴轴承之间涂润滑脂。着陆时这个区域的高温会导致这个区域的油脂燃烧。这可能会对车轮、轮胎和刹车造成损害。 11.6　用润滑脂润滑内、外轮轴承和润滑脂密封圈。 11.7　检查并对准刹车盘，如果有必要的话。 11.8　检查气门芯。		
12. 测量轴承 12.1　使用合适的量具测量轴承内外直径，并记录。 内直径：_____ 外直径：_____		
13. 安装主机轮 注意：如有需要安装主机轮组件的部件（轴承、封圈和其他部件），请执行这些步骤。 13.1　确保安装了轮轴螺纹保护套。 13.2　安装机轮内侧轴承、润滑脂密封圈和挡环。 13.3　用机轮台车抬起主轮进行安装。 注意：确保机轮上的驱动键完全啮合刹车盘上的键槽。 13.4　安装机轮外侧轴承。 13.5　如果适用，安装外侧油脂密封圈和挡环。 13.6　拆下螺纹保护套。 13.7　安装大螺母垫圈。 注意：确保将垫圈凸台向里，螺栓孔向外。 13.8　释放停留刹车。 13.9　按以下步安装轮轴螺帽并打力矩。 注意：轮轴螺帽挂警告牌，防止装错，装错轮轴螺帽可能导致机轮飞丢。警告牌黑底黄字显示："CAUTION-SPECIAL AXLE NUT IS NECESSARY"。 13.9.1　用油脂润滑螺纹并安装轮轴螺母。 13.9.2　转动轮子，拧紧轴螺母至 300 lb·in 的湿力矩。 13.9.3　转动轮子，松开轮轴螺母，使力矩接近零。 13.9.4　转动机轮，拧紧轮轴螺母至 150 lb·in（203 N·m）；		

续表

工作步骤	工作者	检查者
注意：这种方法将防止力矩指示错误（由螺母的停止和开始转动引起）。 13.9.5　确保保险孔对齐。 13.9.6　如果保险孔没有对齐，继续将螺母紧固到第一个锁孔上。 13.10　安装轮轴螺母上的卡圈。 注意：确保轴螺母卡圈穿过轮轴螺母和垫圈的孔。 警示：轮毂盖螺栓安装不要过紧。如果螺栓过紧，会对螺栓和轮毂盖造成损坏。在扭紧螺栓之前，确保轮毂盖位置正确。 13.11　使用三组螺栓和垫圈安装轮毂盖。拧紧螺栓至 50 lb·in（6 N·m）至 80 lb·in（9 N·m）力矩。 注意：外侧主轮，轮毂盖要对准气门芯。 大轮毂盖装在外侧主轮。 13.12　在所有螺栓上打保险。 13.13　外侧机轮，将轮毂罩盖放在轮毂罩上，拧紧 8 颗快卸螺钉。 13.14　轮胎充气，参考 PAGEBLOCK 12-15/51/301 和 PAGEBLOCK 32-45-00/201。 警告：确保轮胎周围没有人员和设备。如果轮胎周围的区域有杂质，可能会对人员和设备造成伤害。 13.15　放下千斤顶，参考 PAGEBLOCK 07-11-31/201； 13.16　检查胎压，参考 PAGEBLOCK 12-15-51/301		
四、操作结束后的检查和场地恢复 1. 检查各个指定位置保险装置安装的状态，避免出现错装、漏装的现象。 2. 清点、检查工具的状态和数量，并将工具归还至指定位置。 3. 清点、检查剩余的耗材，并将其归还至指定位置。 4. 检查、清理工作场地，确保工作场地中没有遗留任何多余物		
工卡结束		
参考图		

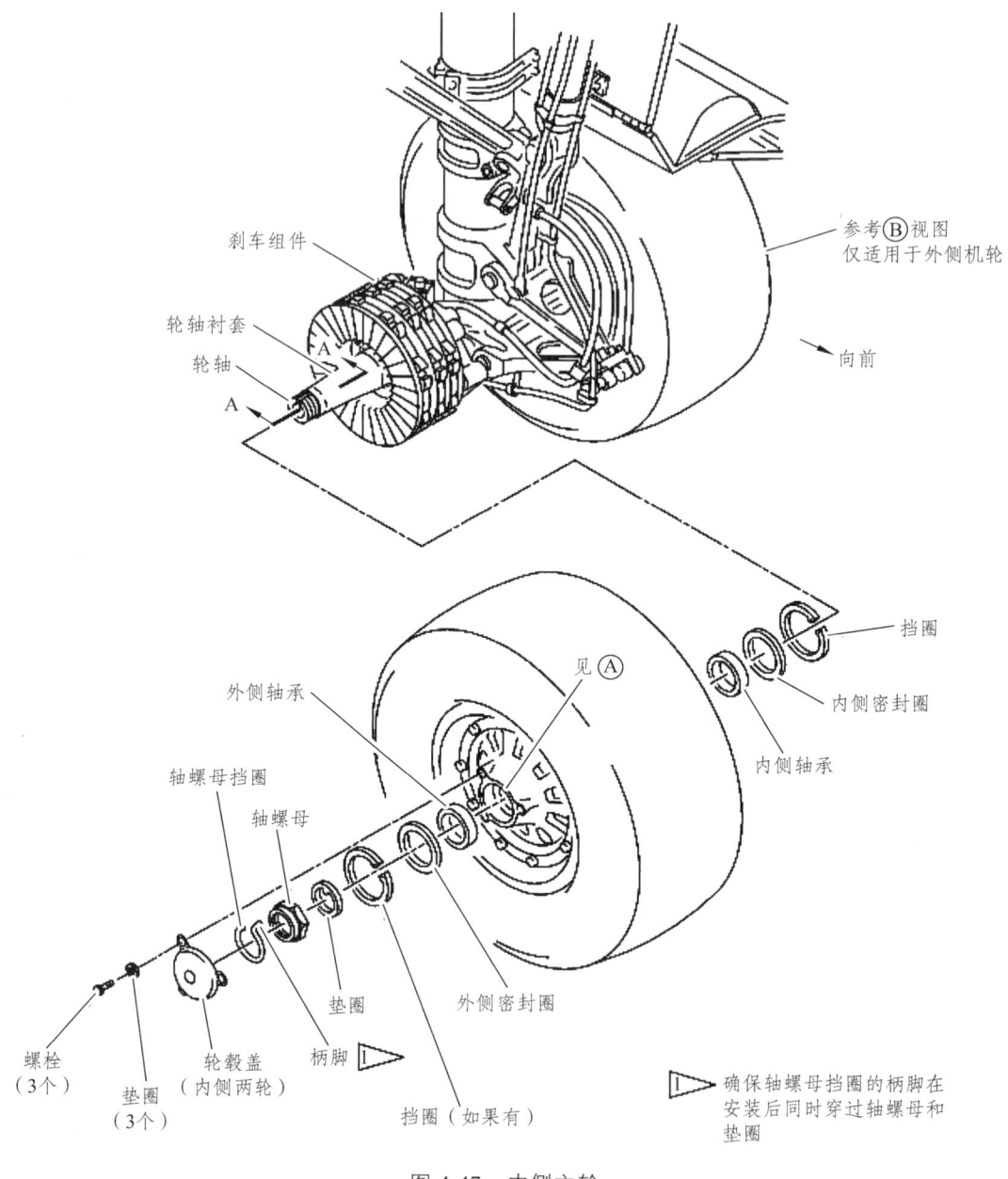

图 4-47 内侧主轮

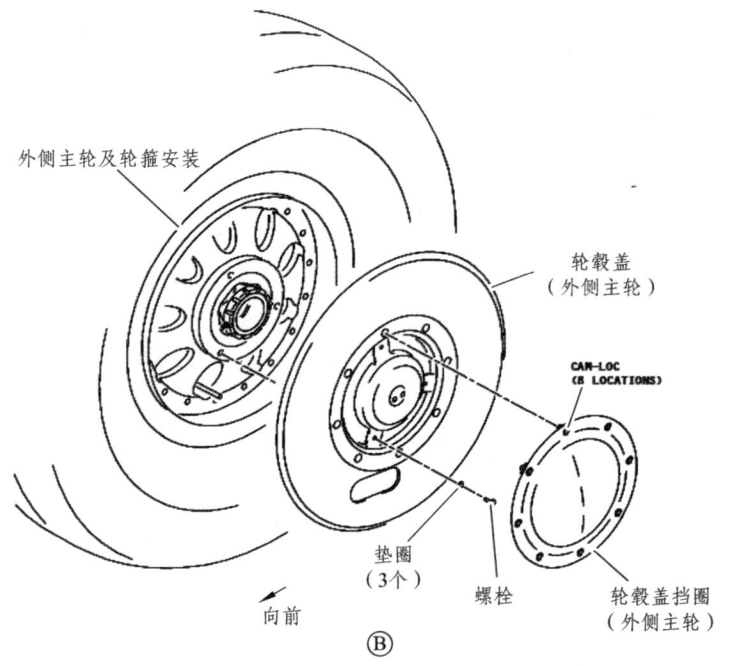

图 4-48 外侧主轮

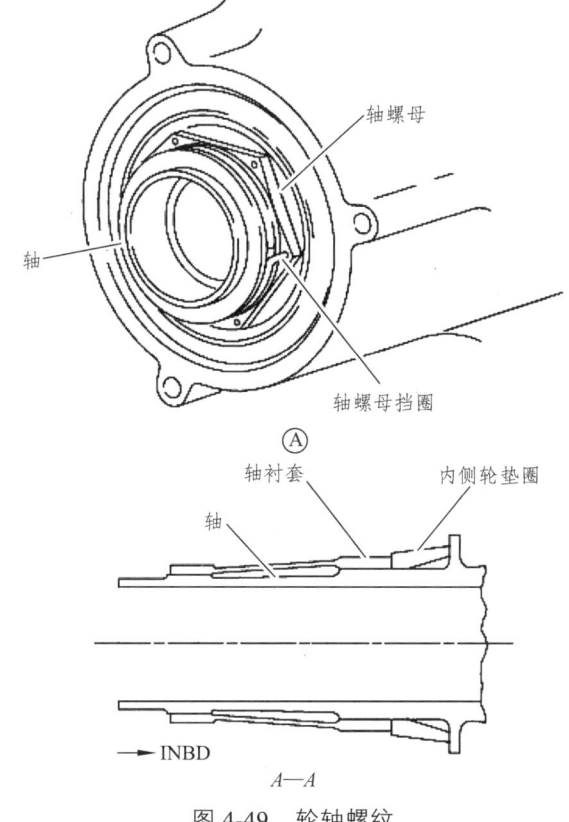

图 4-49 轮轴螺纹

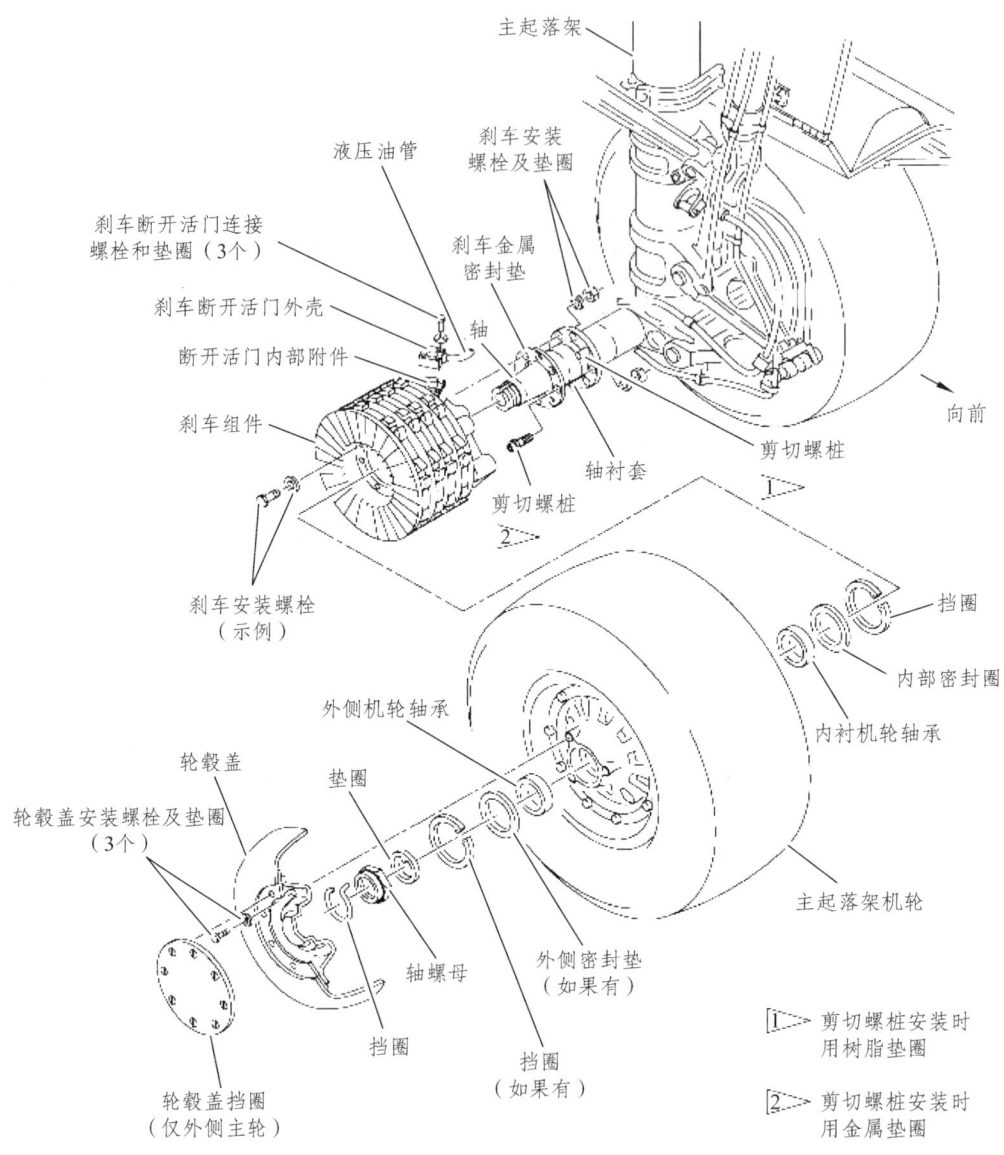

图 4-50 机轮刹车

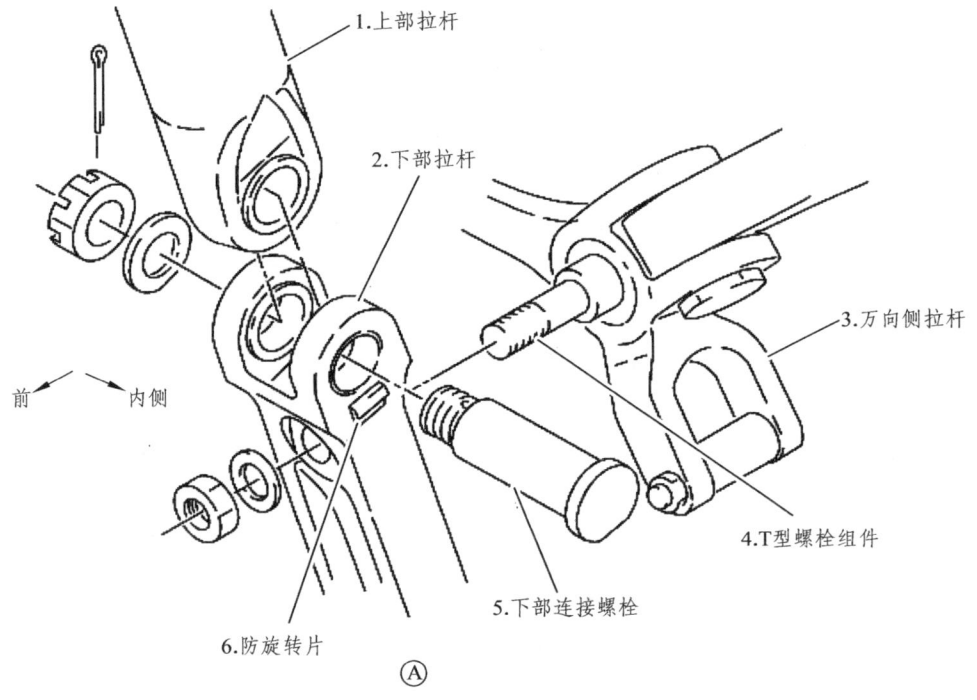

图 4-51 起落架上支柱

项目五 飞机钢索操纵系统调整

一、教学目标

【知识目标】

（1）掌握飞机钢索操纵系统调整项目具体包括的内容。
（2）了解飞机钢索操纵系统调整项目需要具备的能力。
（3）能够正确理解给定的有关飞机钢索操纵系统调整的文件、图纸、工卡，能正确地完成相关表格文件的填写。

【技能目标】

（1）能够在指定的位置独立完成钢索张力测量、消耗材料正确选择、副翼行程调整以及完工后保险。
（2）学生能标准规范使用钢索调整过程中使用到的各类通用、专用工具，能正确地检查、校验和使用量具。

【素质目标】

（1）培养良好的机务作风，如工具清点，以及规范施工应该具备的意识。
（2）培养安全意识，做到不伤害自己、不伤害他人、不被他人伤害。
（3）培养良好的沟通与交流的能力。

二、飞机操纵系统简介

飞机操纵系统是飞机上用来传递操纵指令、驱动舵面运动、控制飞机飞行姿态的重要系统。没有操纵系统的飞机，根本就谈不上安全性、可靠性及机动性，因为驾驶员只有通过操纵飞机的各个活动舵面，才能实现飞机绕纵轴、横轴和立轴的运动，从而实现对飞机飞行姿态的控制。有了操纵系统，无论在有人驾驶下还是在自动驾驶状态下，均可使飞机保持或改变飞行姿态。

飞机操纵系统分为主操纵系统和辅助操纵系统。主操纵系统包括副翼操纵系统、升降舵操纵系统和方向舵操纵系统；辅助操纵系统包括襟翼、缝翼、扰流板和安定面操纵系统。每个操纵系统由控制机构、传动机构和执行机构组成。

（1）控制机构：驾驶盘（杆）、脚蹬和操纵手柄等。
（2）传动机构：钢索、摇臂、导向滑轮、滑轮、推拉杆、扇形盘、扭力管等。
（3）执行机构：液压作动筒、电马达等。

飞机操纵系统按传输方式不同分为以下几种：
（1）软式操纵：由钢索传递操纵指令。

（2）硬式操纵：由推拉杆、扭力管传递操纵指令。

（3）混合式操纵：由软式操纵部件和硬式操纵部件混合组成。

（4）电传操纵：由电信号传递操纵指令。

钢索作为软式操纵的主要部件广泛用于飞机的操纵系统。除此之外，其还使用在发动机操纵、起落架应急放下、前轮转弯、刹车等系统。为了能正常完成钢索调整的任务，需要具备以下几个方面的能力：

（1）阅读并理解使用手册。

（2）飞机操纵系统基本知识。

（3）张力计、角度仪及卡尺的正确使用。

（4）确认控制位置为副翼的中立位置，可按需调整。

（5）操纵系统锁紧检查。

（6）保险丝、保险夹的正确使用。

（7）使用辅助工具。

三、飞机钢索操纵系统基础知识

软式操纵系统除钢索之外还包括钢索接头、松紧螺套、滑轮、鼓轮、气动封严、导向装置、扇形盘、张力补偿器等。

（一）钢　索

钢索是由一定数量的钢丝按照特定的形式缠绕而成，按材料性质分为碳素钢和不锈钢。碳素钢钢索表面通常是包锌镀锡。

钢索的型号是按组成每根钢索的股数和每股里面的钢丝数来确定的，采用两位数编码。第一个数字代表的是钢索的股数，第二个数字代表的是每股里面的钢丝数。飞机上通常采用的是 7*7 和 7*19 两种型号，如图 5-1 所示。

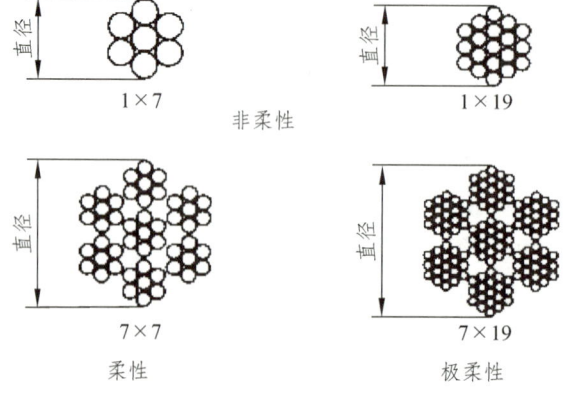

图 5-1　钢索型号与截面对应关系

钢索的直径决定了钢索的强度，一般范围是 1/16～3/8 in，以 1/32 in 为单位递增或者递减。钢索只能承受拉力，不能承受压力，因此，操纵钢索都是成对出现，由两根钢索组成回路，以保证舵面能在两个相反的方向偏转。

（二）松紧螺套的保险

松紧螺套的作用是连接螺杆头式接头，并可以少量调节钢索的长度以调整钢索的张力大小。松紧螺套的两端各有一个带内螺纹的螺套，内螺纹有左右之分，一端为左螺纹，另一端为右螺纹，为便于区别，在左螺纹的一端刻有一道槽线或滚花（见图 5-2），因此，在连接的时候对应的螺杆头式接头的螺纹也有左右之分，应该左螺纹对左螺纹，右螺纹对右螺纹。在连接的时候还要注意，必须将螺杆同时旋入螺套，以确保两端螺杆旋入螺套的长度一致，且钢索不会扭结。为了保证有足够的拧入深度，露在螺套外的螺纹数不超过 3 牙。

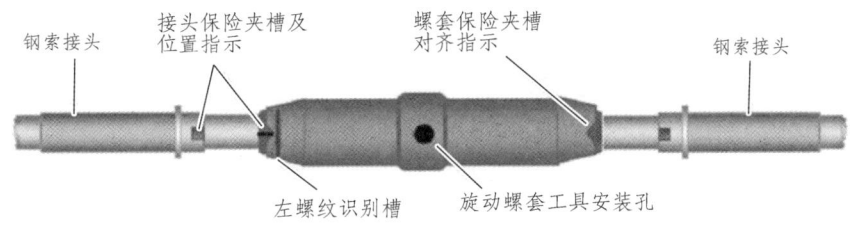

图 5-2　松紧螺套

（三）钢索的检查

钢索在使用中常见的故障有磨损、断丝、腐蚀和卡阻。

钢索在使用过程中会与滑轮、扇形盘、气动封严、导向装置以及周围可能接触的部件相磨而导致钢索磨损和断丝，因此，在维护工作中应着重检查以上部位。钢索与相邻部件的间隙也应满足要求，不同机型要求不一样，如波音要求不同系统钢索之间的最小间隙是 0.5 in（建议 2 in）；与结构、导线、管路等固定装置之间的最小间隙为 0.5 in；与导索孔为 0.5 in，与防擦条为 0.1 in（建议在钢索下方 1.5 in，在其他方向 1.0 in）；与门、起落架等活动部件之间的最小间隙是 2 in（建议 4 in）。

钢索容易腐蚀的区域主要是一些容易积聚腐蚀性气体、蒸汽、烟雾和沉积液体的区域，如轮舱、厨房厕所下面等区域，还有就是电瓶舱，容易发生电化学腐蚀。在钢索检查前应先清洁，钢索清洁一般不用清洁剂，如果有的飞机钢索要求用清洁剂，应该严格按照手册的要求操作，严禁将清洁剂浸入钢索里面，腐蚀钢索。钢索清洁通常使用干燥不起毛的布包住钢索来回擦拭。

钢索检查主要靠详细目视检查，必要的时候应借助手电、反光镜、放大镜等工具，要对钢索进行全行程检查，对于一些滑轮、扇形盘后面以及一些检查不到的地方，可以通过操纵钢索运动使看不到的钢索露出来便于检查。检查钢索断丝时用"拉布法"来检查钢索断丝，如果钢索有断丝的时候就会勾住布，便于发现。

(四)滑轮检查

滑轮常见的故障是卡阻和磨损,在检查时应确保滑轮轴承润滑良好,并可以自由转动,如果滑轮不能自由转动,就要更换滑轮。

滑轮的磨损多数也是由于滑轮不能自由转动引起,除此之外,滑轮安装不正、钢索张力过大等也会引起滑轮磨损,各种磨损情况如图 5-3 所示。

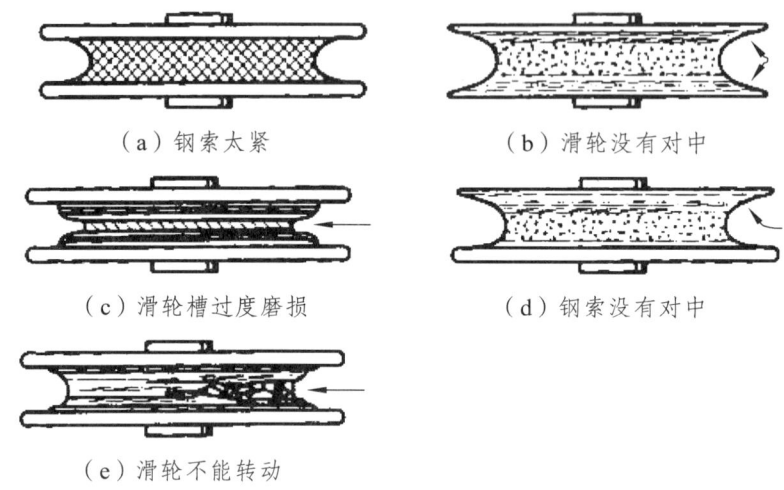

(a)钢索太紧　　　　(b)滑轮没有对中

(c)滑轮槽过度磨损　　(d)钢索没有对中

(e)滑轮不能转动

图 5-3　滑轮磨损

(五)钢索拆卸

飞机各操纵系统钢索都有特定的拆装程序,这里介绍的只是一般拆装程序。

(1)安装校装销,使系统处于中立位。校装销的安装位置为鼓轮或扇形盘上,不同的钢索,安装校装销的位置也不一样。

(2)使用标识带在要拆的钢索接头上做记号。

(3)松开松紧螺套,卸去钢索的张力。

(4)如果需要,拆卸控制钢索的相关部件,如滑轮、导向装置、气动封严等。

(5)安装钢索夹子,保持钢索的微张力,使钢索不至于从滑轮、扇形盘的槽内滑出。

(6)在拉出旧钢索前将新旧钢索连接在一起,在拆下旧钢索的同时要将新钢索安装到位。

(六)钢索安装

(1)识别需要拆下的钢索,准备好系统适用的新钢索。

(2)用干燥不起毛的布去除钢索上不需要的材料,然后给碳钢钢索涂上一薄层润滑脂。不锈钢钢索不能润滑,只需擦拭干净即可。

(3)剪掉旧钢索接头,将新钢索与旧钢索连接在一起。

(4)在保持一定的微张力情况下将旧钢索拉出,使新钢索到位。

(5)制作钢索接头,并给接头做载荷测试。

（6）在松紧螺套两边同时安装螺纹接头，使螺纹的旋进量保持一致，且露在螺套外面的螺纹不超过3牙。

（7）拆下钢索夹子和校装销。

（8）参照钢索的温度—张力图表拧紧钢索，对于新钢索，应拧紧到正常张力的两倍。

（9）调整钢索张力应参照步骤（七）。

（10）确保气动封严调整正确，防止钢索偏斜，确保钢索自由移动。

（11）给所有松紧螺套打上保险。

（12）全行程操作系统，确信钢索能轻松自如地移动，确信不必用太大的力去操纵。

（七）钢索调节

1. T60型张力表的使用

T60型张力表结构如图5-4所示，其使用方法如下：

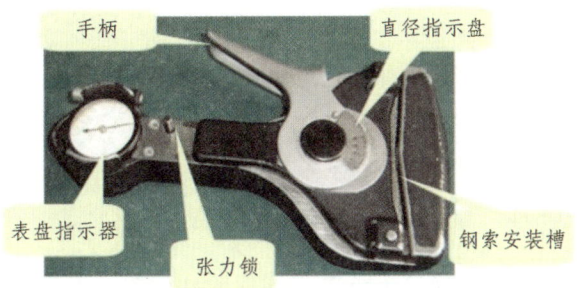

图 5-4　T60 张力表

1）测量钢索直径

握紧张力表手柄，将钢索放入钢索安装槽内，松开手柄，将直径指示盘转到止动钉处，读出钢索直径。

2）测量钢索张力

转动表盘指示器，使指针对准所测钢索直径的数值位置，握紧手柄，将钢索放入安装槽内，缓慢松开手柄，夹住钢索，按下张力锁，取下张力表，读出钢索张力。

3）张力表使用注意事项

估测钢索张力，选择合适量程的张力计；张力计使用前要检查"三计"；张力计只适用于测量飞机标准钢索。

2. 钢索调节

在钢索张力调节前应先计算钢索的标准张力值，不同位置的钢索，张力值是不一样的，应根据每段钢索的温度—张力表来计算。钢索的温度—张力表如表5-1所示。

表 5-1　钢索张力-温度对照

温度/°F	张力/lb（1 lb≈0.453 592 37 kg）	
	钢索 AA 和 AB	钢索 ACBA 和 ACBB
110	133	93
90	124	84
70	115	75
50	107	70
30	99	61
+10	90	53
−10	82	49
−30	74	46
−40	68	44

操纵钢索的调节步骤如下：

（1）插上校装销，将钢索张力调整到表 5-1 规定的范围内，如果安装新钢索，钢索的初始拧紧张力应是算出的理论值的两倍。在测量张力时，张力表应离开接头、滑轮、扇形盘等支撑机构至少 6 in。

（2）取下校装销，再次测量张力值。如果张力满足要求，给接头打保险，取下校装销。

（3）如果张力不满足要求，调整张力值到表 5-1 规定的范围。

（八）松紧螺套保险

钢索松紧螺套保险有锁紧夹保险（首先）和保险丝保险（备选）两种方式。锁紧夹保险（见图 5-5）的安装步骤如下：

（1）张力调节完成后，螺套外露出的螺纹数不超过 3 牙。

（2）将钢索接头上的缺口与松紧螺套上靠得最近的缺口对齐。

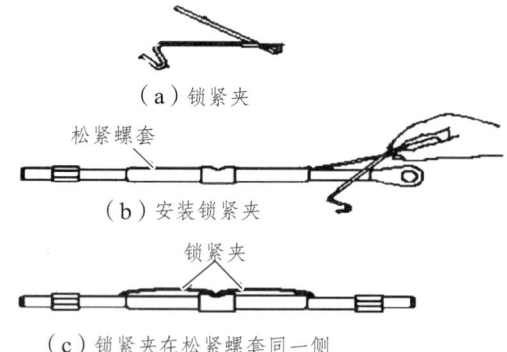

（a）锁紧夹

（b）安装锁紧夹

（c）锁紧夹在松紧螺套同一侧

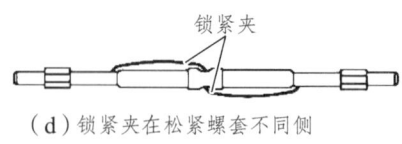

（d）锁紧夹在松紧螺套不同侧

图 5-5　锁紧夹保险

（3）将锁紧夹的平直段安装到已对正的缺口中。

（4）把锁紧夹的钩压入松紧螺套中间的孔内。

（5）压紧锁紧夹的托肩，轻轻拔锁紧夹的钩部，锁紧夹应不能拔出来。锁紧夹不能重复使用。

（6）用同样的方法做另一个锁紧夹保险，两个锁紧夹可以安装在松紧螺套的同一侧，也可以不在同一侧。

松紧螺套保险丝保险，具体步骤如下：

（1）在松紧螺套和钢索接头上涂抹一薄层防腐剂。

（2）张力调节合格且接头露牙不超过 3 牙。

（3）选择合适的不锈钢保险丝在钢索接头一端开始打保险。

（4）把保险丝扭成辫结时不能用工具，只能用手施工。

（5）将保险丝两端分别从松紧螺套凸台下面两边穿过中心孔，将穿过中心孔的保险丝在另一端的凸台下面拧成辫结，直到另一端钢索接头上的中心孔，然后打上辫结，辫结留有长度为 5/8 in 长。

松紧螺套保险丝保险分为单根保险和双根保险，单根方式虽然能达到保险要求，但双根保险其质量可靠性更高。

（1）单根保险直拉式如图 5-6 所示，其要求如下：

保险后应能组织两端螺纹连接杆向松的方向转动小于 1/2 圈；

由螺套中心孔向两端螺杆孔拉紧的保险丝应<15°；

收尾时在螺纹接杆上的缠绕不低于 4 圈并应拉紧修平。

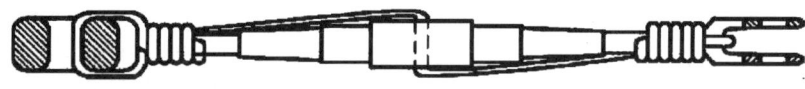

图 5-6　单根直拉式

（2）单根缠绕式如图 5-7 所示。

图 5-7　单根缠绕式

（3）双根拉直式如图 5-8 所示。

图 5-8　双根拉直式

（4）双根缠绕式如图 5-9 所示。

图 5-9　双根缠绕式

四、任务实施

请按照以下测试程序,当副翼在中立位置时调整钢索张力,并设置飞行控制传动限位。本次操纵系统调整中用到的平台如图 5-10 所示。所需工具、保险丝、保险夹如表 5-2 ~ 表 5-4 所示,操纵系统评分如表 5-5 所示。

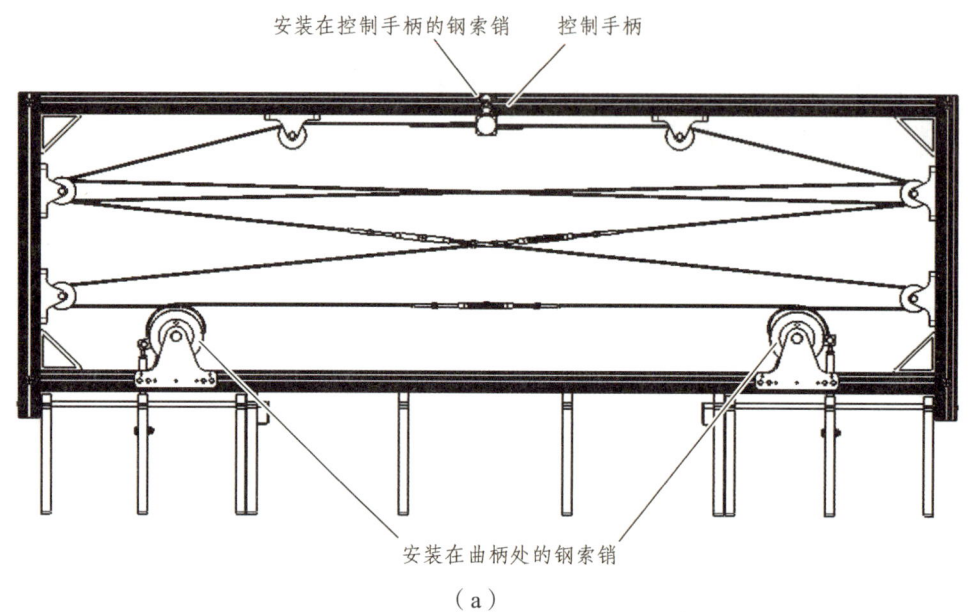

(a)

(b)

图 5-10 操纵系统调整平台

(1)按照清单清点及检查工具、材料。
(2)安装控制杆底座上调整销钉。
(3)在摇臂上安装调整销钉。
(4)调节松紧螺套并推拉撑杆,通过调整副翼中立位置整流罩将副翼后缘调整为 0°。
(5)根据张力计图表调节钢索张力到 13 kg,偏差为 ±1 kg。
(6)确认控制位置为副翼的中立位置,可按需调整。

（7）松紧螺套打保险丝和保险夹。必须包括 1 个单线圈、1 个螺旋型单线圈和 MS21256-2 夹子。

（8）重新检查钢索张力。

（9）分解调整销钉，按要求调节操纵传动止动装置。

（10）检查操纵位移、方向和操作感。

（11）检查操纵系统所有部件是否正确锁紧。

（12）提交检验所有 AN 紧固件和传动止动装置的保险。

（13）清理工作现场，清点工具，回收文件资料。

（14）裁判组根据选手检查结果，进行评判。

表 5-2　操纵系统调整所需工具

序号	设备名称	型号	单位	数量
1	张力计	500N	个	1
2	角度测量仪	S3	个	1
3	飞机操纵模拟台	自制工装	套	1
4	调整销钉	与模拟台配套	只	3
5	第三手（松螺螺套工具）	自制工装	只	1
6	卡规（或数显卡尺）	通用（公英制）	把	1
7	安装工具	公英制套件（120 件）	套	1
8	尖嘴钳	通用	把	1
9	斜口钳	通用	把	1
10	一字起子	4 英寸	把	1
11	开口扳手	8"～10"	把	2
12	护目镜	通用	副	1

表 5-3　保险丝选择

钢索尺寸/in	缠绕方式	保险丝直径/in	材料（热处理后）
1/16	Single（单绕）	0.040	Brass，Copper（黄铜，铜）
3/32	Single（单绕）	0.040	Brass，Copper（黄铜，铜）
1/8	Single（单绕）	0.040	Stainless Steel，Monel and K Monel（不锈钢，莫奈尔合金，莫涅耳合金）
1/8	Double（双绕）	0.040	Brass，Copper（黄铜，铜）
1/8	Single（单绕）	0.057	Brass，Copper（黄铜，铜）
5/32 或更大	Double（双绕）	0.040	Stainless Steel，Monel and K Monel（不锈钢，莫奈尔合金，莫涅耳合金）
5/32 或更大	Single（单绕）	0.057	Stainless Steel，Monel and K Monel（不锈钢，莫奈尔合金，莫涅耳合金）
5/32 或更大	Double（双绕）	0.051	Brass，Copper Brass，Copper（黄铜，铜）

表 5-4 保险夹选择

钢索直径/in	螺纹尺寸	保险夹 MS21256	松紧螺套 MS21251
1/16	No.6-40	-1	-2S
			-3S
3/32	No 10-32	-2	-3L
1/8	1/4-28	-1	-4S
		-2	-4L
5/32		-1	-5S
		-2	-5L
3/16	5/16-24	-1	-6S
7/32	3/8-24	-2	-6L
			-7L
1/4			-8L
9/32	7/16-20	-3	-9L
5/16	1/2-20		-10L

表 5-5 钢索操纵系统调整评分标准

序号	考核项目	评分标准	分值
1	PPE	保险时未穿戴劳保用品，1 次扣 1 分	5
2	副翼调整到中立位置 0±0.5°	1 个副翼超差，扣 5 分	10
3	钢索张力 13 kg±1 kg	张力每超过 1 kg 扣 3 分；未检测钢索直径扣 3 分	15
4	松紧螺套装保险丝	未查阅图表扣 5.00 分；未、错装保险丝，扣 5 分/处；保险不规范每处扣 2 分	15
5	向上的行程设定到 14°	角度每超过 1°扣 5 分	10
6	向下的行程设定到 12°	角度每超过 1°扣 5 分	10
7	装上装配销后不允许有应力	如果有任何一个装配销存在应力，都不能重新安装，应扣 2 分；未润滑安装，1 处扣 1 分	5
8	操纵运动、方向和操作感受	操纵过程中应顺畅，如有卡涉扣分	5
9	所有其他的标准件安装及保险是否牢靠正确	所有其他的标准件安装是否牢靠正确，不符合要求每处扣 2 分；保险未错装保险丝，每处扣 2 分；保险不规范每处扣 2 分；工具使用不正确每处扣 2 分	15
10	安全文明生产	场地未清洁彻底扣 2 分；工具未清点、检查 1 处扣 2 分；未正确使用工具 1 次扣 1 分；工具使用后未清洁就放回 1 次扣 1 分	10
11	总分		100

五、钢索操纵系统调整安全注意事项

（1）操作前要熟悉操作程序、要领和注意事项，以及工具的使用方法。

（2）操作时应当着制式服装，操作前检查纽扣安装是否牢靠，衣兜内是否有容易滑出、掉落的物品。

（3）在开始操作前和操作结束后都要清点工具，防止工具遗留在飞机和发动机上。

视频：钢索操纵系统调整操作

（4）在检查前，需要使用不起毛的棉布对飞行操作钢索进行清理，此过程不仅可以达成飞行钢索清洁，预防钢索腐蚀的效果，还能够有效发现钢索是否存在断丝、磨损等损伤问题。

（5）在对钢索进行全面检查时，工作人员需要将钢索在各个方向上进行全行程移动，使钢索在滑轮、导向器、钢索轮等区域的钢索显露出现，然后对该些部位进行目视检查。另外，在检查时，还可以借助手电筒、反光镜等设备，通过轻微转动钢索的方式对钢索背面进行检查，确保检查的全面性。

（6）拆装机件过程中，要防止机件在分离和组合时脱落造成伤人损物。

六、技能提升

请按以下要求完成操纵系统钢索调整施工。

（1）完成图 5-11 中指定位置钢索及其附件检查，记录检查结果。

图 5-11　钢索操纵调整平台

（2）拆卸图 5-11 所示位置滑轮、钢索，检查滑轮及其附件，记录检查结果。

（3）安装拆下的滑轮、钢索，并对滑轮安装螺栓打开口销，对钢索松紧螺套实施手工保险，保险方式如图 5-12 所示。

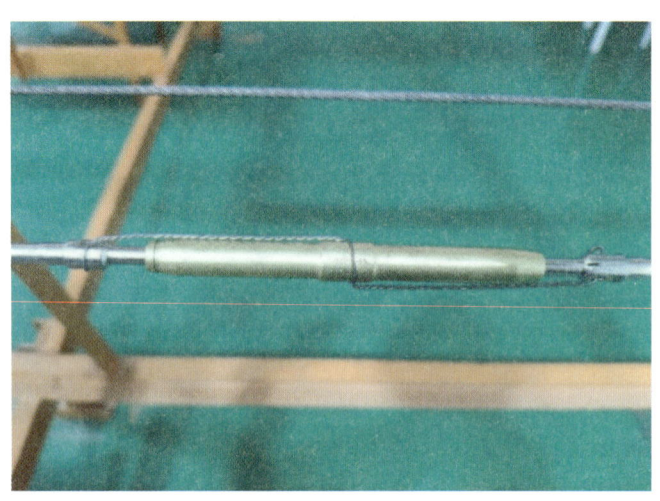

图 5-12 钢索保险施工方式

（4）测量施工现场温度为_____，根据表 5-6 确定钢索张力目标值为_____，测量调节前钢索张力值为_____；

表 5-6 钢索张力—温度对照表

钢索张力			
温度/℉	控制钢索的张力（磅）（3/32）	温度/℉	控制钢索的张力（磅）（1/8）
110	50	110	93
90	45	90	84
70	40	70	75
50	35	50	70
30	30	30	61
10	32	10	53

注：① 确保测量地点的温度恒定，温度误差 1 h 内不能超过±5 ℉。
　　② 控制钢索张力误差：±2 lb。
　　③ 具体温度—张力对照可根据钢索和温度调整。

（5）油门操纵置于中立位置，安装滑轮校装销，悬挂警示牌。
（6）调整钢索张力值至目标值，允许误差为±2 lb，并记录调整后的钢索张力值_____。
（7）施工结束。待评委老师检查结束后，恢复钢索。
（8）按如表 5-7 所示评分标准对完成情况评分。

表 5-7 钢索调整评分标准

序号	考核项目	分值	评分标准	扣分原因	得分
1	钢索、滑轮的拆装及检查				
1.1	按工卡要求施工	2	不按工卡施工每次扣 2 分		
1.2	目视检查钢索及其附件的损伤并填写结果	4	每漏检 1 处扣 2 分（断丝、断股、腐蚀等），填写不正确每处扣 2 分		

续表

序号	考核项目	分值	评分标准	扣分原因	得分
1.3	正确地拆除滑轮、钢索松紧螺套	5	工具选用不当每次扣1分； 拆装过程错误每次扣1分。 开口销乱扔扣1分； 松紧螺套保险拆除不当扣1分； 松紧螺套拆装不当扣1分		
1.4	检查滑轮及其附件的损伤情况，并填写检查结果	5	每漏检一处扣2分（磨损、卡滞、损坏等），填写不正确每处扣2分		
1.5	正确安装滑轮、钢索	8	开口销安装不正确扣5分； 工具选用不当每次扣2分； 滑轮不能自由转动扣2分		
1.6	正确安装松紧螺套，并按要求手工实施松紧螺套保险	15	工具选用不当扣1分； 钢索太松、太紧扣2分； 松紧螺套保险丝施工错误（方向错误）扣5分； 保险丝松紧度不当扣2分； 保险丝编结密度不当扣2分（每英寸7~12个）； 保险丝收尾段长度不当扣2分（4~6个编花）； 保险丝末端未往回弯扣1分； 保险丝未做到穿线压绕线扣1分		
2 钢索张力的调整					
2.1	前后推动油门杆3次后将油门操纵杆处于中立位置	5	未做扣5分，做的次数不足扣3分		
2.2	正确安装滑轮校装销，油门操纵杆上挂警示牌	5	每漏做1项扣2分		
2.3	用温度计测量温度、钢索直径，并根据温度-张力对照表确定所需张力值，并做正确记录	10	未使用温度计测量温度扣2分； 未正确测量钢索直径扣3分； 未正确查阅图表确定钢索张力目标值扣5分		
2.4	正确使用钢索张力计	15	每错一处扣2分，具体要求如下： 选用正确滑块； 正确读取张力计读数； 测量点位置距离钢索固定点距离不小于6 in；		

续表

序号	考核项目	分值	评分标准	扣分原因	得分
2.4	正确使用钢索张力计	15	测量至少 3 个点取平均值；3 个点之间的距离在 6 in 左右；目标值和表显数值之间对应关系选取正确		
2.5	正确测量调节前钢索张力，并记录	3	做错扣 3 分		
2.6	调节松紧螺套，将钢索张力调节至所需张力	10	调节操作每错 1 处扣 1 分；取下滑轮校装销、警示牌，全行程操纵钢索至少 3 次后，将油门操纵杆置于中立位置，挂上警示牌，再次测量钢索张力		
2.7	正确测量并记录调整后钢索张力值	3	做错扣 3 分		
3	安全文明生产	10	场地未清洁彻底扣 2 分；工具未清点、检查每处扣 2 分；未正确使用工具 1 次扣 1 分；工具使用后未清洁就放回 1 次扣 2 分		
4	其余扣分项目：				
	合计得分	100 分	得分		

项目六 飞机蜂窝板结构修理

一、教学目标

【知识目标】

（1）掌握蜂窝板修理的类型以及如何进行蜂窝板夹芯修理。
（2）了解蜂窝夹芯修理需要具备的能力。
（3）能够正确理解给定的有关蜂窝修理的文件、图纸、工卡，能正确地完成相关表格文件的填写。
（4）学生知道如何在使用化学用品过程中进行自我防护。

【技能目标】

（1）能够在指定的位置独立完成蜂窝夹芯损伤检测、蜂窝损伤修理、故障描述。
（2）学生能标准规范使用钢索调整过程中使用到的各类工具，能正确地检查、校验和使用量具。
（3）学生知道如何进行粉尘、化学试剂防护，确保不受伤害。

【素质目标】

（1）培养良好的机务作风，如工具清点，以及规范施工应该具备的意识。
（2）培养安全意识，做到不伤害自己、不伤害他人、不被他人伤害。
（3）培养良好的沟通与交流的能力，让学生能准确地完成有关修理过程中的规定文字描述。
（4）培养规范书写汉字、规范使用修理用语的能力。

二、蜂窝损伤简介

航空器复合材料中的蜂窝板是由薄而强的两层面板中间胶接蜂窝材料而成的一种新型复合材料，也称蜂窝层合结构（见图6-1）。其面板选材有金属板、玻璃纤维、石英纤维、碳纤维等；夹心材料主要有芳纶、玻璃纤维、铝合金及发泡型结构。蜂窝可制成不同的形状。飞机上的蜂窝结构是由耐腐蚀夹心、面板、衬垫、隔板（假梁）、边肋等零件胶合而成。面板与夹芯之

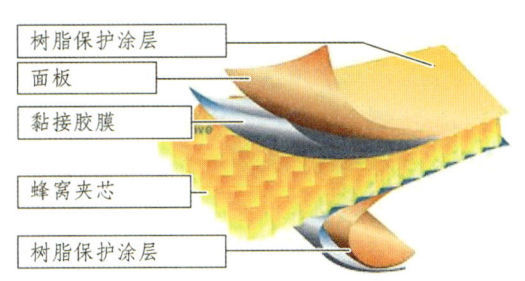

图 6-1 蜂窝夹心板结构

间用胶膜胶接，蜂窝夹芯用芯子胶和耐腐蚀胶根据实际需要形状施加真空压力后加温胶接成型。

根据航空复合材料蜂窝结构部件在使用过程中可能出现损伤的情况，我们可以大致将胶接蜂窝结构部件的损伤分以下5类：

（一）表面损伤

此类损伤一般通过目视检查发现，包括表面擦伤、划伤、局部轻微腐蚀、表面蒙皮裂纹、表面小凹坑和局部轻微压陷等。这类损伤一般对结构强度不产生明显的削弱。

（二）脱胶及分层损伤

该损伤是指纤维层与层之间或面板与夹芯之间的树脂失效缺陷，主要通过敲击检查、超声波检测等手段发现。此类损伤一般不引起结构外观变化，大多是在生产过程中造成的初始缺陷，并在反复使用过程中缺陷不断扩展而导致的。脱胶或分层面积过大会引起整体复合材料强度的削弱，应及时予以修补。

（三）单侧面板损伤

这类损伤包括单侧面板局部压陷、破裂或穿孔，一般通过目视检查即可发现。该类型损伤能使一侧面板和蜂窝夹芯都受到损伤（表面塌陷），对气动性能和结构强度影响较大。一旦发现该类损伤必须经过修理和检验确认后方能重新使用。

（四）穿透损伤

该类型损伤是指蜂窝部件出现穿透性损伤、严重压陷和较大范围的残缺损伤等。此类损伤对结构性能和强度有严重的影响，根据受损情况应立即予以修理或按需更换新件。

（五）内部积水

该损伤原因主要由于蜂窝结构边缘或蜂窝材料对接边缘密封不严或密封失效，在长期使用过程中由于雨水渗透、油液浸泡以及水汽冷凝而造成蜂窝夹芯出现积水。虽然一般情况蜂窝内部积水不会造成严重影响，但在冬季日夜气温变化较大的情况下，由于积液结冰膨胀将会造成复合材料部件内部树脂基体脱胶，同时在积液的长期浸泡下也会使复合材料的树脂基体的胶接强度大幅降低而降低部件的整体性能，特别是各类复合材料制备的舵面、襟翼、翼身整流罩及发动机部件等，均应及时检查其内部蜂窝结构的积水情况并做出相应修理措施。目前该类损伤主要通过红外热成像、X射线检测仪等手段进行检测。

三、复合材料基础知识

(一)复合材料的定义

工程上称两种或两种以上的材料在宏观尺度上组成的新材料为复合材料。这个定义强调了"宏观尺度"和"新材料"两点,合金虽然在微观上可以辨认出是由多种元素(材料)组成的,但它不属于复合材料。复合材料通常由基体材料和增强材料两大组分构成,组分材料之间具有明显的界面,宏观上呈现出各向异性特性,是非均质的。复合材料不仅保持了组成材料自身原有的一些优良性能,而且彼此补偿,明显改善或突出了一些特殊性能,成为一种新型材料。通过改善组成材料品种或比例,可以得到不同品种和性能的复合材料。

例如,轮胎是由橡胶中加入尼龙帘子线或钢缆等构成的复合材料;混凝土是由水泥、砂及碎石构成的组合材料;钢筋混凝土是混凝土与钢筋的复合材料。上述这些复合材料均是由连续相与分散相两大部分构成。其中橡胶、水泥等是连续相,称为基体(或称基料、母体和基材等),而尼龙帘子线、砂及碎石等则是不连续相,称为增强材料(或称增强体、增强剂,增强材料)。

(二)复合材料的结构特点

目前,飞机上所采用的复合材料构件主要有三种形式,即层压板、蜂窝夹芯结构和蜂窝壁板结构。

1. 层压板的结构特点

复合材料层压板是由单层板黏合而成的。层压板可以由不同材质的单层板构成,也可以由不同纤维铺设方向上相同材质的各向异性单层板构成。正是由于这些单层板在厚度方向的宏观非均质性,致使层压板具有各向异性的特点,而且由于纤维铺设方向的多样性,使层压板通常没有一定的材料主向,如图 6-2 所示。

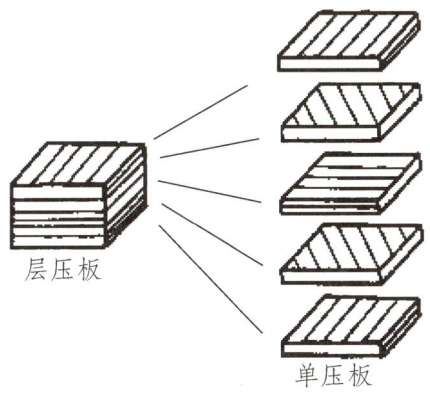

图 6-2 层压板和铺层

层压板受力特性和各单层板密切相关。一层甚至几层单层板的破坏，虽然将引起层压板刚度的显著变化，但层压板仍可能由余下的各个单层板来承受更大的载荷，一直到全部单层板破坏引起层压板的总体破坏为止。

2. 蜂窝夹芯结构特点

蜂窝夹芯结构是由两块薄面板和中间胶接低密度的夹芯组成的。面板较薄，结构形式为层压板，主要材料有：未预浸或预浸纤维玻璃布、预浸单向碳纤维带或编织布、芳纶有机纤维布等；夹芯材料有：泡沫塑料和蜂窝夹芯。蜂窝夹芯有铝箔蜂窝、芳纶纸蜂窝和玻璃布蜂窝。如图 6-3 所示为一块典型蜂窝夹芯结构示意图。

夹芯结构上、下两块面板承受轴向、弯曲和面内剪切载荷，面板和夹芯之间的胶层作用是：把剪切载荷传递到夹芯上，或者从夹芯传递到其他相连结构上。如果从承受侧向载荷的蜂窝夹芯结构中取出一个单元体，则该单元体的受力状态如图 6-4 所示。剪力 Q_X 和 N_Y 由蜂窝夹芯承受；弯矩 M_X 和 M 通过面板轴向力来承受，即通过上、下面板分别受拉（或压）、压（或拉）来承受；轴力 N_X 和 N 也是由上、下面板承受。

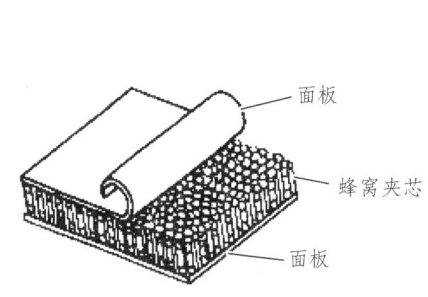

图 6-3 蜂窝夹芯结构示意图

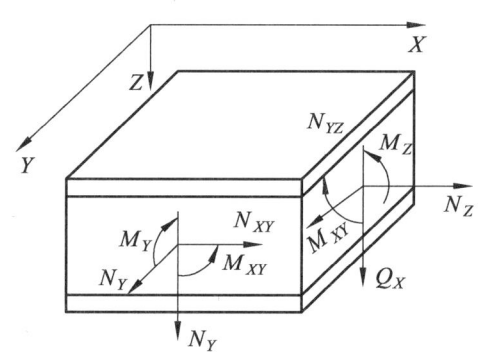

图 6-4 蜂窝夹芯单元体受力图

蜂窝夹芯结构除具有以上的受力特性外，还有如下特性：
（1）蜂窝夹芯结构具有比常规金属结构更高的比强度。
（2）蜂窝夹芯结构与厚度等于上、下面板厚度之和的平板相比，具有更高的抗弯刚度。
（3）蜂窝夹芯结构具有较高的结构阻尼，较高的吸声和耐声振疲劳的性能。
（4）蜂窝夹芯结构具有较好隔热性能，并具有光滑的气动外形。

3. 蜂窝壁板结构特点

蜂窝壁板由承力面板和蜂窝夹芯组成，蜂窝夹芯位于承力面板之间。此外还有骨架元件如镶边、嵌件和尖端等。面板由铝合金、钛合金或不锈钢板材制成；夹芯用玻璃布蜂窝、泡沫塑料、金属蜂窝或金属波纹板制成；承力面板和蜂窝夹芯、骨架元件之间采用胶接、钎焊或点焊方法连接。

在蜂窝壁板结构中，承力面板实际上只承受自身平面内的载荷（拉力、压力、剪切力）和横向弯矩，亦即上下承力面板确定了整个结构的弯曲刚度。夹芯在结构弯曲时承受横向剪切力并与面板配合承力，它不仅提高蜂窝壁板结构的剪切刚度，而且还提高了承力面板的局部刚度。因此，即使在大载荷作用下，也能保持面板所需的气动外形。骨架元件用于保证在集中力作用下结构的局部刚度，提高固定处的持久刚度。

（三）飞机蜂窝夹心板的组成

蜂窝材料的修理，主要考核选手依据实物零件、工程图纸，按 ATA 相关章节、行业标准规范手册（AC43-13）、厂家结构修理手册的内容，确定修理需求，制定修理方案，并独立完成损伤检查及修理工作，旨在考核选手对标准规范手册的理解和掌握，检查、分析、故障排除及修理，正确选择修理材料和使用工量具的能力，完成结构损伤报告及修理方案等文件内容的填写能力。

考核参赛选手对标准规范手册的理解和掌握水平，根据复材实际损伤，完成检查、分析故障，并根据现场实际情况确定修理方案；按厂家结构修理手册正确选择修理材料，完成修理后的制件应当满足相应技术要求。

从广义上讲，复合材料结构修理方法可分为两大类，一类是用于小缺陷和小损伤的非补强板修理；另一类是用于较大损伤的补强板修理。实际修理的结构形式很多，多采用混合形式。

1. 非补强板修理

1）注射树脂修理

小面积的脱胶和分层可以采用注射树脂的方法加以修理。这种方法的有效性取决于脱胶和分层的原因。如果脱胶和分层是由于胶接、压力不足或胶接面上有包容物（杂物、尘粒等）夹入引起的，则往往由于这类缺陷位于内部胶接面上，修理困难，效果不好；如果由于机械损伤产生的脱胶和分层，不存在包容物，这类损伤采用注射树脂修理是有效的。

如图 6-5 所示，注射树脂时要有注射孔和通气孔，这些孔要通到损伤层，这就要求有准确的无损探伤技术。如果这些孔没有通到脱胶和分层处，树脂便不能注入空隙中；孔太深，会使原来没有损伤的部位人为地造成新的损伤，这些情况都达不到预期的修理效果。注射树脂前，在待修理区预先加热到约 65 ℃，适当延长加热时间可以排除湿气。采用空气压力枪注射树脂，直到有树脂从邻近的孔中溢出。这样直到把所有的损伤注满，然后用保护带将所有注射孔和通气孔暂时密封。最后在修补面积上施加压力，以便修理区与附近未修理部分形成整体，改进或保持结构外形。注射树脂在室温下凝胶，通常在约 150 ℃ 温度下做后固化处理。

2）填充和灌注修理

填充和灌注法是用填充材料填充缺陷区的一种修理方法。在无损探伤后，确认结构内部没有严重基体开裂或分层，就可以采用这种方法修理。在受载较小的蜂窝夹层板上采用填充灌注的方法可以稳定表板和密封损伤区。如图 6-6 所示，首先去除损伤表板和夹芯，将损伤区切割成规则形状，如圆柱形或矩形柱面，然后将树脂混合物或玻璃布-环氧预浸料作为填充物灌注到已修整过的损伤区，最后使灌充材料中的树脂在 150 ℃ 下固化。在连接孔中的损伤，如孔变形或摩擦损伤，可以用经过机械加工好的填充块修理。如果发生紧固件孔位置钻错，或者尺寸过大，则可以先灌注填充孔，然后重新钻孔。

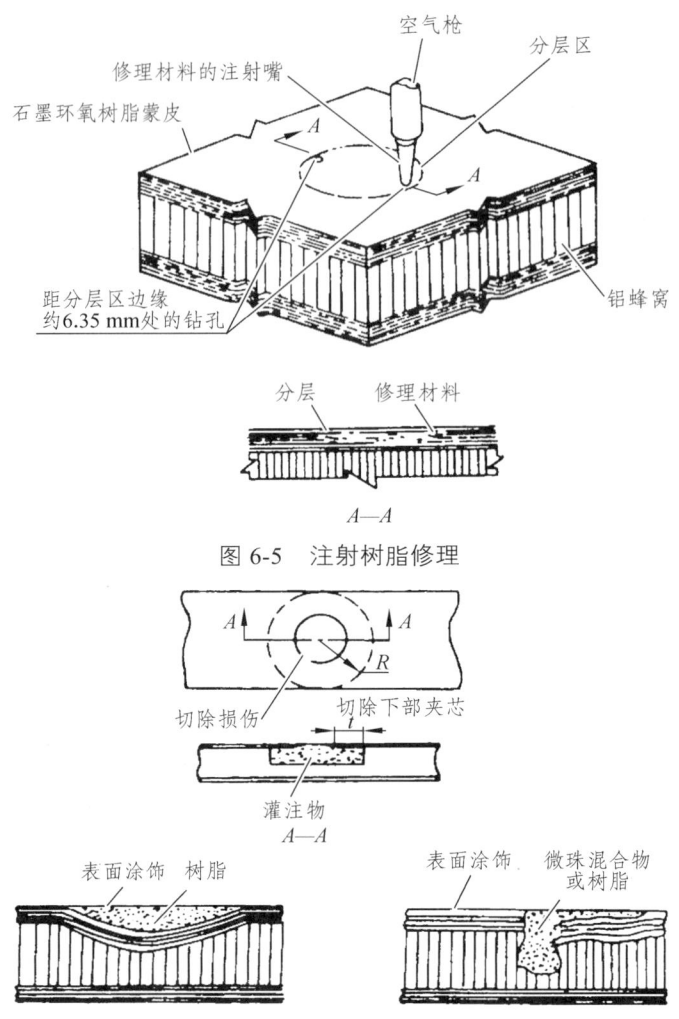

图 6-5 注射树脂修理

图 6-6 填充和灌注修理

2. 补强板修理

补强板修理方法一般用于较大损伤的修理,这种方法是将新材料制成补强板,连接到原结构的损伤部位,使损伤结构遭到破坏的载荷传递路线得以重新恢复,一般有贴补、挖补和螺接外补强板三种基本方法。

1)贴补法

贴补修理是指在损伤结构的外部,通过胶接或胶接共固化来固定外部补片以恢复结构的强度、刚度及使用性能的一种修理方法,根据其采用的修理工艺的不同,主要分为胶接共固化贴补修理和胶接修理两种形式。其中,胶接修理一般适合于平面或曲率较小的结构,胶接共固化修理则不受此限制。

贴补修理主要针对气动外形要求不严的结构进行。下面就贴补法中这两种修理方法及其修理过程进行说明。

(1)胶接共固化贴补修理。

胶接共固化贴补修理是指在损伤结构的损伤区域粘贴胶膜和一定层数及取向的预浸料

(具体由设计确定），通过胶接共固化（胶膜和预浸料同时固化）使结构恢复使用功能。修理过程中，可根据具体情况，损伤部位可保留，也可切除掉。对切除掉的部分一般用填料胶或成形好的填补块将孔充填，如图 6-7 所示。这种方法可单面修理，也可双面修理。

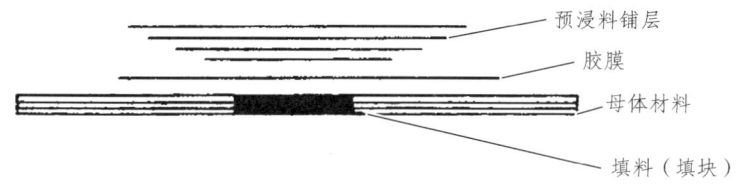

图 6-7　胶结共固化贴补修理

（2）胶接贴补修理。

胶接贴补修理是指在损伤结构损伤区粘贴胶膜和补片。补片可以是预先固化好的复合材料层压板，也可是钛、铝、不锈钢等合金制作的金属背板，其优点是补片制作容易，内部质量高（对复合材料补片而言），施工简单，但对曲率较大的结构难以实施。由于这类修补形式类似于单面搭接接头（见图 6-8），因此减小剥离应力和剪应力的集中，补片边缘楔形角度的设计至关重要，因为在胶接连接中，剥离应力和剪应力集中是造成连接破坏的主要原因。

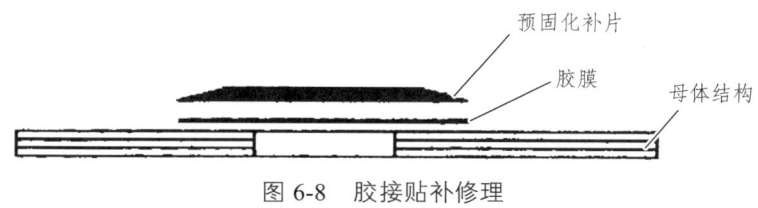

图 6-8　胶接贴补修理

贴补法可以成功地应用于修理蜂窝夹层结构的表板，表板厚度可达 16 层，损伤直径达 100 mm。目前碳-环氧复合材料已经广泛用于飞机蜂窝夹层板的表板，在外场条件下贴补法容易实施。所以这种方法应用较多，修理后的结构强度可以恢复到原结构材料极限许用值的 50%～100%，强度恢复的程度与层合板的厚度有关。

采用钛合金极薄板修理时，将钛板与胶层交错排列，即一层钛板一层胶。通常在两层钛板之间加一层玻璃布，这样可以减小补强板的剪切模量，从而达到减小胶层应力集中的目的。采用钛板的主要优点是：

（1）在成形过程中不需要控制铺层的纤维方向。

（2）钛板不受固化温度的影响，可以减少对原结构中湿气的扩散。但是，由于钛板比碳-环氧的热膨胀系数高得多，容易在胶层上产生残余应力，造成补强系统的强度降低。钛合金的另一个主要缺点是在胶接前要做特殊的表面处理。

2）挖补法

平埋补强板修理形式如图 6-9 所示。它类似于单面楔形接头或单面阶梯形搭接接头，这种连接胶接面上的剪应力分布比较均匀。此外，由于不存在载荷偏心，补强板的剥离应力较小。因此，这种修理的效率较高，特别适用于厚层合板的修理，它不受材料厚度的影响，可以得到光滑的外表面形状。

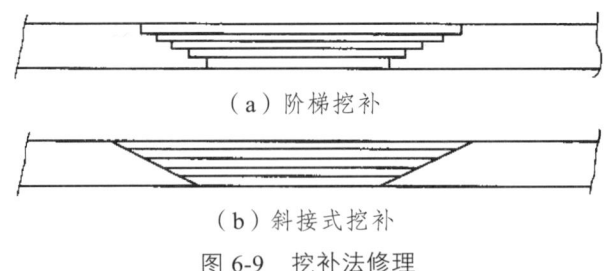

（a）阶梯挖补

（b）斜接式挖补

图 6-9　挖补法修理

在外场条件下，这种修理方式比贴补法施工困难，修理周期较长，因此多在大修厂或生产厂采用。此外，这种方法最主要的缺点是：需要去掉大量未损伤的材料，以形成所需要的尖削比，一般约为 15∶1 或 18∶1。例如，对具有损伤直径 100 mm 的孔，厚度 13 mm 的层合板，要得到理想的单面楔形角，带斜度的修理孔外径约需 600 mm，但如果采用双面楔形修补，带斜度的修理长度将会减少一半，如图 6-10 所示。

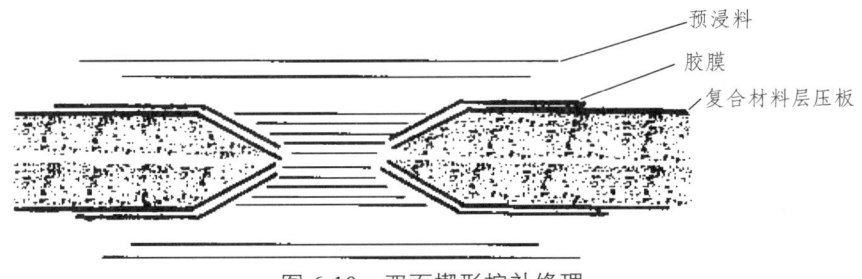

图 6-10　双面楔形挖补修理

单面楔形补强可以用于部分厚度或整个厚度损伤情况。如果在厚层合板上产生内部分层，并且认为采用注射修理不合适时，可以将分层上部的材料切除，切割成带适当斜度的修理形状。

通常采用碳-环氧补强板，铺层顺序与原结构层合板一致。一般不采用钛板修理。修理时，为了使补强材料与原结构贴合得好，多采用共固化方法，同时采用真空袋加压；或者在热压罐中施加压力和温度。

由修理实践得知，在碳-环氧补强板上外层最长的 0°纤维层容易产生剥离，使补强板损伤，应该在补强板端部各层切割成锯齿状。对于 16 层厚的带孔层合板，采用这种修理方法可以得到有效结果，甚至在疲劳加载和环境形成损伤条件下，也是如此。

对于复合材料与金属连接的楔形和阶梯形接头，发生脱胶也可以采用单面光滑修理方法。修理中金属件表面必须确保没有腐蚀，并在胶接前进行正确的表面处理。

3）螺接外补强板修理

螺接外补强板修理形式与螺接单面或双面搭接接头类似。修理设计中是按照螺接单面搭接分析还是按照螺接双面分析取决于对弯曲的约束程度。螺接修理的缺点是在螺接孔边引入了应力集中。螺接修理的一个重要优点是：在施加拧紧力矩后，螺接给层合板提供了横向约束，可以有效地阻止预先存在的分层扩展。

螺接外补强板修理一般用在 8～15 mm 的厚层合板情况。这时如果采用胶接贴补法修理，胶层剪应力不能满足胶接连接要求；在损伤区切除材料的复杂性，排除了采用挖补修理的可能性，并且厚层合板的吸湿问题也限制了在外场使用胶接修理方法。因此，螺接修理主要用于外场单块式临界部件。

螺接修理中，钛合金材料常常用作补强板和紧固件。与铝合金相比，钛合金材料与碳-环氧材料接触不会产生电化腐蚀，比铝合金的热膨胀系数也低，其热应力和残余应力也较低。如图 6-11 所示为一种螺接补强板修理形式，这种修理已证明是很有效的。将补强板边缘做成楔形，以减小对气流的扰动。带有螺孔的板由两部分组成，以适应单面安装要求。试验表明，对于 100 层（13 mm）厚的层合板修理，有损伤直径为 100 mm 穿透性孔洞，修理的结构强度可恢复 100%，可达 4 000 微应变水平，这个应变值就是通常的极限设计许用值。

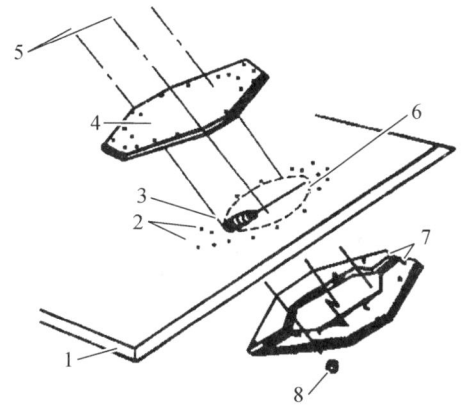

1—板层；2—用模板贴孔；3—损伤处；4—补片；5—紧固件；
6—去除部分；7—垫板；8—螺母。

图 6-11　螺接外补强板修理

3. 夹层结构的修理

具有复合材料表板的夹层结构，在飞机结构中多用于机身组合部件、雷达天线罩、起落架舱盖、控制翼面（襟翼、副翼等活动面）以及地板、舱门等。由于夹层结构的表板较薄，夹芯强度较低，在使用环境中容易产生冲击损伤。为了表示夹层结构的修理效率，按照损伤的严重程度和可能对结构造成的影响，将损伤分为四类：

第一类：表板上有压痕、伤痕、擦伤或腐蚀，但没有穿孔或裂纹；
第二类：仅一侧表板有穿孔或裂纹，可能芯层有损伤，但另一表板无损伤；
第三类：有穿厚度的孔洞和损伤，两表板和夹芯均有损伤；
第四类：大面积损伤，需要更换整个夹层件或组件。

夹层结构的修理方法要尽可能达到如下目标：与原结构件的强度和刚度接近；重量增加最少；使气动特性变化最小；对于雷达天线罩一类的夹层结构，应使其电性能的变化最小，所以应该选取与原结构相同或相近的材料进行修理。为了消除或减小应力集中，应避免横截面突变，例如采用楔形连接，将损伤部位切割成圆形或椭圆形，加大圆角半径。飞机外表面的光滑度是保证良好气动性能所必需的，要尽量避免突出在原结构表面之上的补强板。如果不能避免这种情况，需将补强板的周边切成斜面。修理雷达天线罩时，夹芯和表板厚度的控制非常重要，必须将损伤的表面板和夹芯去除，然后用与原结构相同铺层、相同厚度及相同纤维和树脂比例的材料进行修理。当然，如果修理用的纤维和树脂的电性能比原结构更好，又不影响单体强度，则更加合理。

修理雷达天线罩时，一般将其从飞机上拆卸下来进行离机修补。如果不允许拆卸时，只能原位修理。对于需要修理区域,首先用肥皂水和温水清洗,待干燥后,仔细检查此区域中有无过厚的漆层,对这些漆层可以通过干砂法打磨去除,或者用喷丸法去除。要注意,不能使用通常的用于金属零件的除漆剂,已发现这种除漆剂易渗透到雷达天线罩的内层,对介电特性和强度有不良影响。

1)第一类损伤修理

可用如下方法修理伤痕、擦伤、表面磨损或两点腐蚀,在损伤表面涂一层或多层树脂(树脂层数取决于磨损的严重程度),在常温下固化。小的裂口可用腻子填平,腻子用常温固化树脂和短玻璃纤维制成。在此涂层表面,铺一层玻璃纸,玻璃纸的尺寸要比涂层面积大,径向长出约 50~70 mm。用胶带定位后,用滚轮或橡皮刮板去除气泡和多余树脂。然后在常温下固化,如果有必要,使用红外线灯或热砂袋使加速固化。树脂固化后,揭去玻璃纸,用砂纸磨去多余树脂,再轻轻砂磨整个修理表面,以备再做表面涂饰。

如果表面的擦伤或伤痕深度足以严重影响表板强度(通常超过第一层纤维),则应按如下方法修理(见图 6-12):用手工或软轴砂轮打磨损伤区,达到光滑外形,打磨长度至少等于损伤深度的 100 倍,用湿法铺层修理,或用预先成形的与损伤尺寸相匹配的补强件胶接到损伤部位,加温加压固化,打磨外形。

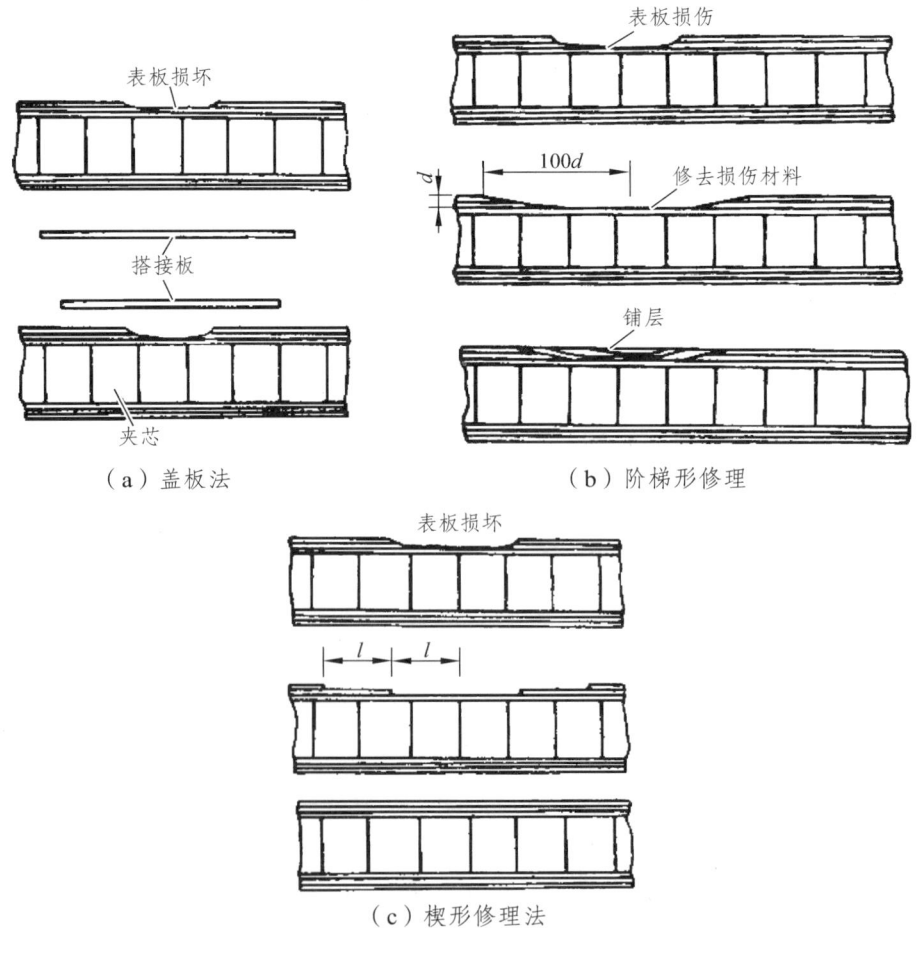

图 6-12 夹层结构表板损伤修理方法

2）第二类损伤修理

对于一侧表板和夹芯损伤情况，需要去掉已损伤的芯层并更换损伤的表板，使整个修理区域内能够承受法向应力，如图 6-13 所示。仔细将损伤区域修削成圆形或椭圆形，将该区芯层全部切除，直至另一侧表板。要注意，不要损伤另一侧表板，或者引起损伤区周围的表板和芯层脱胶或分层，然后使用软轴砂轮、砂带打磨机、旋转台式砂轮或手工将修削孔周围的损伤表面板仔细打磨成斜面，斜面宽度至少为表板厚度的 100 倍。这种打磨斜面的损伤必须准确完成，以获得均匀锥度。在打磨操作中各纤维层所形成的轮廓线可用来评定斜面的准确度。

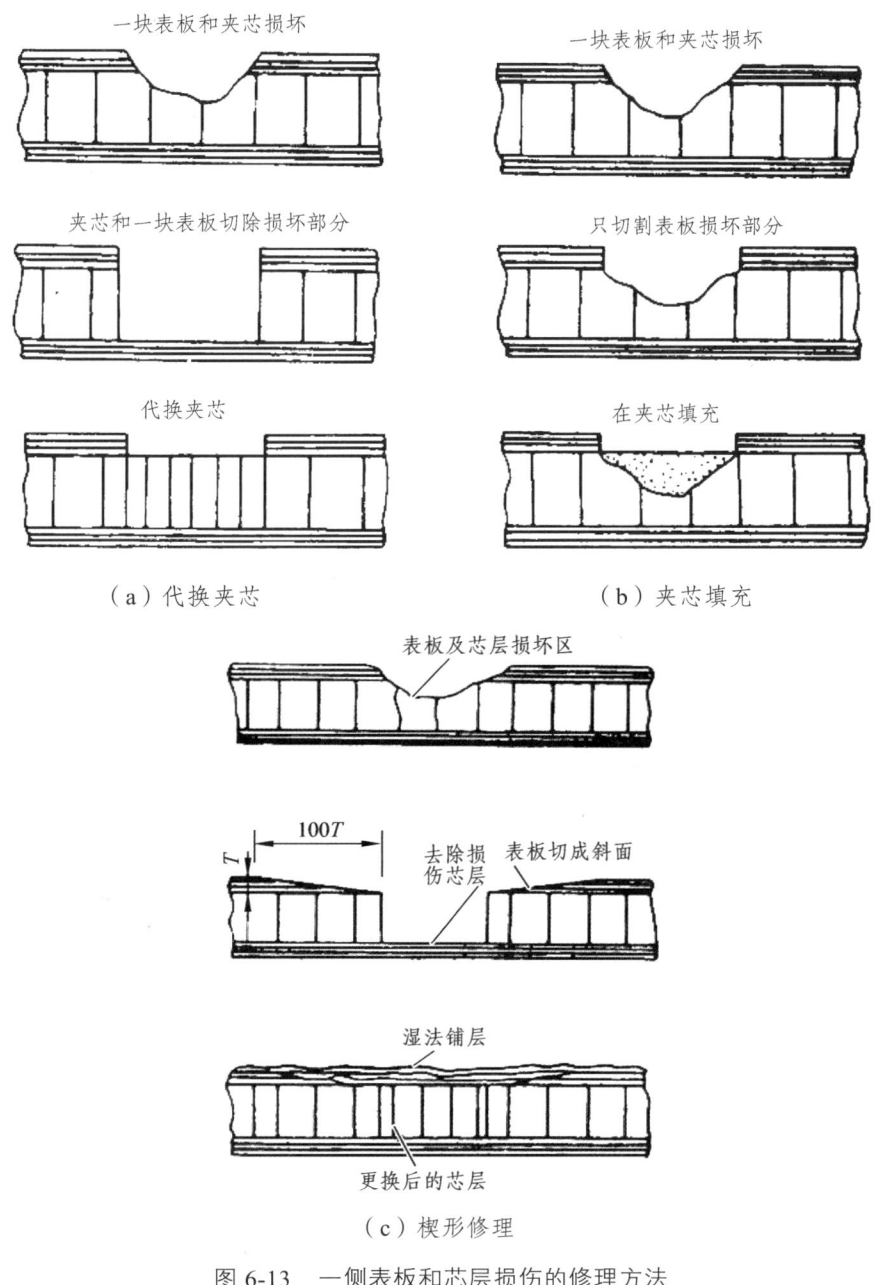

图 6-13　一侧表板和芯层损伤的修理方法

修理时将一块厚度与原来芯层材料相同的替换芯层材料（或某种合适的代用品）切割成与修整孔相吻合的形状，然后制备供表板修理用的纤维叠层。最外侧的补强纤维层形状与修整孔外侧形状相匹配，最小的内侧纤维层与表板内侧孔相一致，中间纤维层按比例裁剪，用两张玻璃纸覆盖起来，再切割一定尺寸，边缘不得有破损。

当全部修理纤维层制备完成后进行组装时，将芯层修整孔周围涂敷树脂，在将要插入的夹芯块上涂敷树脂，镶入孔中。接着将最小的内侧纤维层铺设到孔中，这样按顺序铺设纤维层。全部纤维层铺完后，再覆一层玻璃纸摊平，排出空气和多余树脂，使用抽真空或其他方法加压，加热固化。固化后，将外形修整打磨，做表面涂饰。

与单块式蒙皮板相同，表板的修理也可以采用阶梯式连接法。

3）第三类损伤修理

对于完全穿透夹层结构的损伤，有两种修理方法：

（1）楔形连接法，通常用于损伤孔直径为 75~100 mm 的小损伤。

（2）阶梯连接法，通常用于较大损伤面积的修理。

楔形连接修补方法如图 6-14 所示。同样需切除损伤，修理步骤如 2）中所述，差别仅为：在修理一侧表板和夹芯时，另一侧设置临时垫板或模具，以便使芯层位置固定。在第一块表板修理固化后，去除垫板或模具，采用相同方法修理另一侧表板。

阶梯形连接修理方法如图 6-15 所示。将损伤部位修削成圆形或椭圆形，也可以修削成带圆角的矩形或正方形。参照切除部分确定修理纤维层的各层厚度，以便按照要求尺寸制备纤维层。阶梯连接的总搭接长度为：一侧表板的层数减去 1，乘以 38 mm。把总搭接尺寸标在夹层结构上，然后用尖刀或专门的切刀沿标志线切割纤维层的外层。需要注意的是切割深度不得超过一层，如果下面一层纤维被划破，将会削弱修理区的强度。

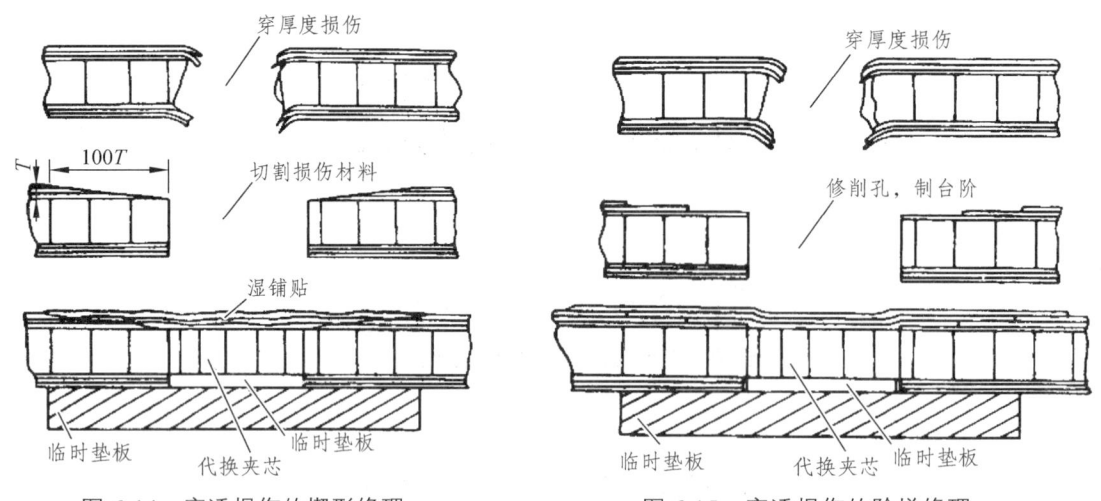

图 6-14 穿透损伤的楔形修理　　图 6-15 穿透损伤的阶梯修理

把修理用的夹芯块和纤维层准备好后，将模具和临时垫板定位固定，夹芯块与临时垫板接触的一面不涂树脂，其余三面涂树脂置入修整孔中；再将纤维层、胶层依次铺设在修整孔处；最后再用一块大点的纤维层覆盖粘接到最外面，用玻璃纸或吸胶层盖住，加压、固化。

如果夹层零件是变厚度的，则表板和总厚度要严格控制。如果修理中出现内部空隙或分层，可用注射器注入树脂加以填充。如果操作结构只允许从一侧修理时，需采用如图 6-16 和图 6-17 所示的修理加压方法。

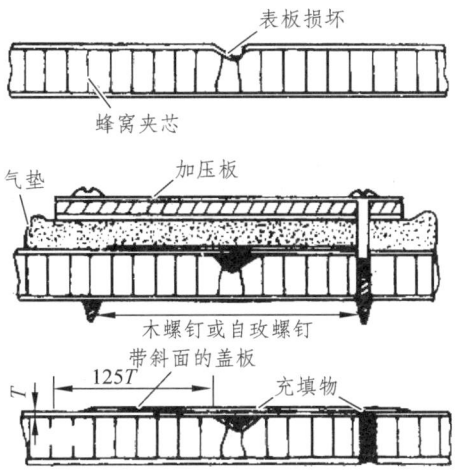

图 6-16　第二类损伤单侧修理加压方法

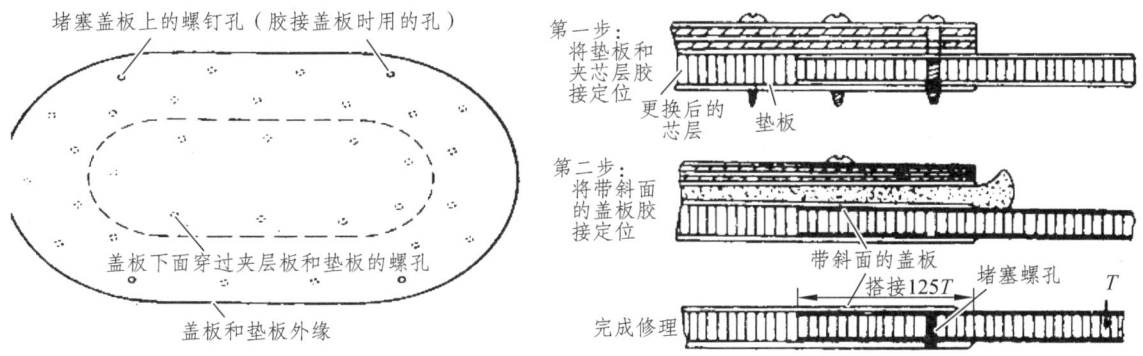

图 6-17　第三类损伤单侧修理加压方法

（四）复合材料损伤检测

根据飞机的生产和使用条件，复合材料损伤的检测方法一般分为生产过程中的无损检测、修理厂无损检测和外场（飞行基地）无损检测三类。第一类是在生产线上对新生产的零部件或返厂修理部件的无损探伤；第二类在修理厂对使用过的部件进行探伤；第三类在飞机使用过程中外场检测时进行无损检测。在这里只能用简单检测方法或手提式的检测仪器。

1. 目视检查

目视检查主要针对使用中出现的损伤，如冲击损伤、分层、脱胶、裂纹、孔洞、蜂窝进水、雷击损伤、烧伤或过热损伤。它可以检查出损伤的部位，但若需确定损伤范围，则需用其他方法进行检测。目视检查可帮助发现早期损伤，避免损伤继续扩大。对于光线比较暗的部位或可达性较差的部位，可借助于电筒、孔探镜、检查镜和放大镜等以提高检查的效果。

2. 敲击检验

敲击检验也是一种常用的检验方法，但比较粗糙。检验工具是硬币、木棒、尼龙棒或带有弹性手把的尼龙小锤。检验时用这些简单的工具轻轻叩击被检工件，如果复合层板或夹层板中存在分层，叩击的音响与完好结构不同，一般无损伤部位发出清脆的声音，而分层（或脱胶）处由于阻尼增加使声音频率降低，因而音调低或声音沉闷。这种方法简单易行，特别是在外场对于小范围损伤非常有效，但由于这种方法主要依靠修理人员的经验，因此实际修理中若确定不了损伤范围，则需借助于其他仪器。要注意在敲击检验薄壁件时，应避免工作表面产生小的凹坑。

3. 超声检测

超声波检测应用范围广泛，在外场修理中使用方便。大部分超声波探伤仪使用 A 扫描和 C 扫描，它是利用压电传输元件将超声脉冲传入结构中，遇到损伤或缺陷产生界面反射，或引起声速和能量衰减的变化，利用这一特性达到检测损伤的目的。

超声波的主要优点是穿透力强，灵敏度高，并且对人体无害。超声波检测方法在技术上比较成熟，检测仪器成本低，结构轻便，可以检测出孔隙含量、分层、层间疏松、胶黏剂气孔和疏松、裂纹及夹杂等。

4. X 射线检验

X 射线具有波长短、能量高、穿透力强的特点。X 射线检验的基本设备是 X 射线机，对 X 射线管施加一定的电压，就产生 X 射线。X 射线也是一种电磁波，波长为 0.000 6~101.9 nm。在 X 射线检验中通常使用的波长约为 0.000 6~0.31 nm。X 射线能够穿透固体材料，当它穿过某种物质时，由于 X 射线被吸收或散射而削弱，X 射线强度有所降低。

X 射线检验要使用感光软片。X 射线穿过结构件落在软片上，使软片产生潜影，经过显影，软片受 X 光照射的部分便呈现某种程度的黑色。如果结构中存在孔穴、裂纹、疏松等，那么这部分对 X 光的吸收程度就比完好结构的部分弱一些。在其他条件相同的情况下，穿过这部分的 X 光就强些。软片显影后，相应部位的颜色就比其他部位更深，这就可判断结构中是否存在损伤或缺陷。

纤维增强树脂复合材料的基体密度比较低，对 X 射线的吸收较少，即使包含有金属件的复合结构，其厚度也较薄，因此可以用软 X 射线、低电压（如几十千伏左右）、小焦点及铁窗进行工作。X 射线检验可以检测出复合材料中夹杂物（夹杂物是金属时更灵敏），可以有效地发现夹层板中蜂窝芯和胶黏剂充填物中的损伤和缺陷。如果胶黏剂是对 X 射线吸收系数较大的材料，还可用于检验胶层的疏松和气孔含量。射线照相还可以发现复合材料中的横向裂纹。

5. 激光全息检验

激光全息照相是在 20 世纪 60 年代激光出现以后迅速发展起来的一门新技术。激光全息无损检验是激光全息照相干涉测量技术的一种应用。利用波阵面再现成像原理，以激光器为光源，记录反射光波，即记录物体反射波的振幅和相位等全部信息。

激光对不透明的物体没有穿透能力。激光照射到物体表面只能产生反射，能反映物体的表面情况。但是物体表面与物体内部是有联系的，物体内部的缺陷、损伤，在一定条件下会通过某种方式表现为物体表面的异常，这样就可以通过物体表面的异常情况检测其内部损伤，在测量时一般应对工件施加载荷。

用激光全息法可以发现复合材料结构近表面的纤维断裂、基体裂纹和分层。对孔隙含量一般不易检测出来。对于碳纤维增强树脂为表板的蜂窝夹层结构，微光全息法能检测出直径小于 10 mm 的胶接缺陷。

6. 声谐振检测

声谐振检测利用电声能量转换原理，通过超声波的传输使换能器或被测工件产生谐振。声谐振检测可分为两种类型：

（1）以不同频率的超声波入射工件，使工件产生谐振，工件的谐振频率随工件厚度变化，检测出谐振频率就能测出工件厚度，例如，结构中有脱胶区，则在工件缺陷到换能器与工件的接触面之间产生谐振，这样可以测出缺陷的位置和深度。

（2）利用声阻抗原理，不同的产品质量有不同的振动特性，测定出换能器的共振频率或幅度，就可对工件做鉴定。采用声谐振原理的典型仪器是福克胶接检测仪和声学缺陷检测仪，利用这些仪器可以检测复合材料结构中的疏松、气孔和分层。

7. 红外热波检测

红外热波检测是基于物体的热辐射特性，利用被检物体的不连续性缺陷对热传导性能的影响，导致物体表面红外辐射能力发生差异，通过红外摄像将这种人眼不可见的红外辐射差异转化成可见的温度图像，进而来获取工件的缺陷信息。具体检测方法分为两种：

（1）有源红外检测法又称主动红外检测法，其特征是利用外部热源向被检测工件注入热量，再借助检测设备测得工件表面各处热辐射分布来判断缺陷。

（2）无源红外检测法又称被动红外检测法，是利用工件本身热辐射的一种测量方法，无任何加热源。红外热成像检测技术是一种全新的检测技术，能够很好地解决复合材料等飞机结构件的撞伤、脱胶、含水等损伤检测问题，目前国外正在逐步应用和推广。其特点是非接触式、测试速度快、直观显示等。

除上述介绍的检测方法外，还有涡流检测法和热图像记录法等，涡流检测法是利用碳纤维的导电性，可以测出复合材料中树脂含量（尽管树脂不是导体）、纤维取向和准直度。热图像记录法是检测由于结构的良好部位和有缺陷部位的热性能不同所引起的表面温度差别，这种检测方法必须靠热源或冷源来取得热信息。

（五）修理程序

飞机制造厂家将飞机结构损伤分为可忽略损伤、可修理损伤和不可修理损伤。
可忽略损伤：可采用简单方法处理，不影响飞行。
可修理损伤：指飞机或结构的外表面、黏结剂或夹芯的损伤在限制范围之内，可进行修理。
不可修理损伤：指损伤的程度超过了限制，必须更换。

复合材料结构修理的类型主要取决于损伤程度：表面划伤或整个内层和夹芯损伤。具体修理方法有栓接金属或复合材料补片法、胶接金属或复合材料补片法、灌充密封剂法和叠层粘结法等几种。前三种类型因达不到原有结构的强度，仅用于非结构修理或损伤尺寸较小的修理。下面介绍蜂窝夹芯结构修理中常采用的叠层粘结法。叠层粘结法用于损伤已深入到夹芯或贯穿整个结构的情况。

首先必须彻底清除损伤区域表面的油漆、保护层和其他外来物质。通常用蘸有丁酮的海绵或干净布涂抹待修理部位，并用干海绵或布擦掉，反复进行，直到表面完全光亮为止。在清洗后的部位安装高速特形铣刀支架、刀头和样板，按照待修件面板和蜂窝夹芯结构特点确定切除损伤的方式，如阶梯切割、楔形切割或组合（阶梯和楔形）切割。特形铣与粘接工艺常使用在结构密封以及蜂窝结构、塑料构件、玻璃纤维构件等非金属材料的修理中。由于这些非金属构件的构成特性、材料性能以及损伤范围等差别很大，所以在对它们进行修理时，必须查阅相关的结构修理手册，以便确定正确的修理方法和选择适用的黏合剂，并应当严格遵守工厂制订的操作程序。

样板配合使用可保证切除损伤部位所需的直径和深度。损伤切除后，对每一层切割面要进行打磨，最后应清除工作面上的尘土、油污和打磨残留物。

调制黏合剂，并预制夹芯塞替换件、玻璃纤维布预浸片。

将替换芯塞均匀涂抹黏合剂，插入待修理部位，并用塑料刮刀刮去溢出的黏合剂，固化30~60 min，然后在清洗干净的工作面上，逐层粘接玻璃纤维预浸片。完成粘接后，在室温下固化至少12 h。

具体的叠层粘接修理整个工艺规程必须查阅飞机厂家提供的结构修理手册。

蜂窝面板损伤修理如图 6-18 所示，蜂窝修理铺层详图如图 6-19 所示。

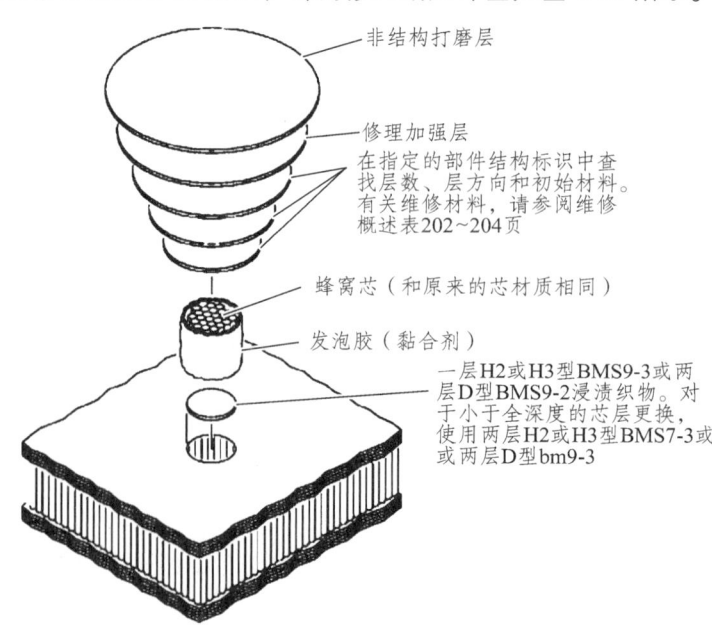

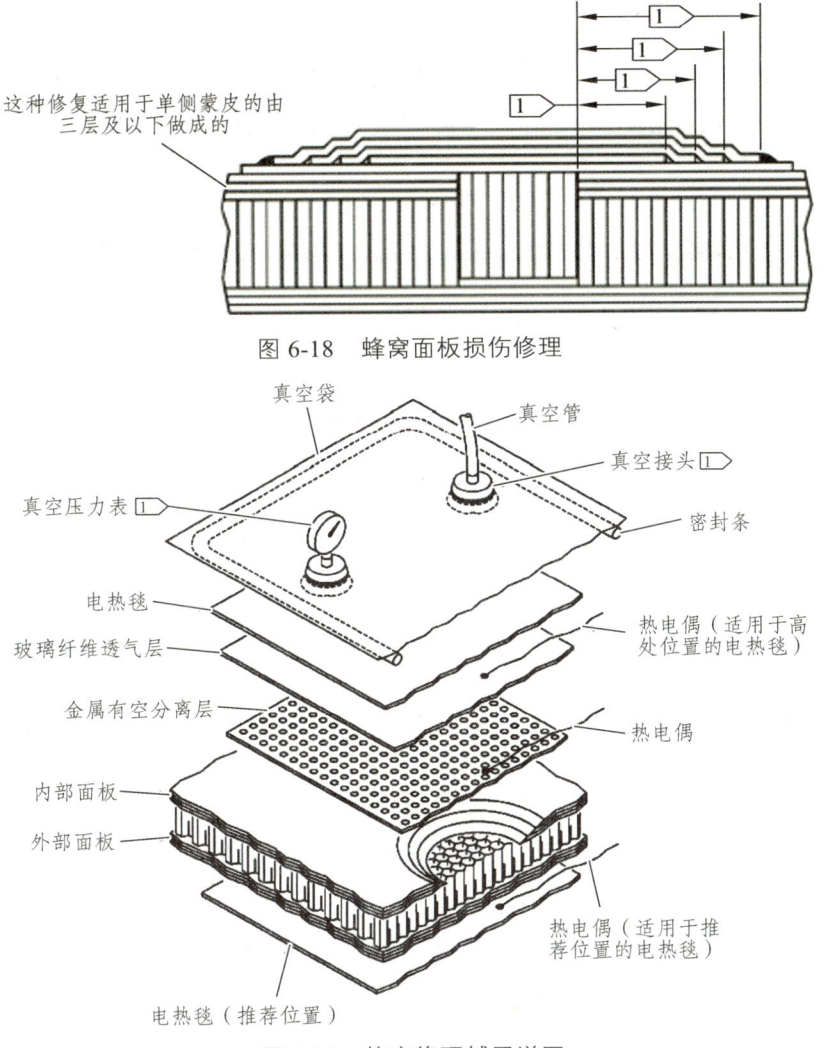

图 6-18 蜂窝面板损伤修理

图 6-19 蜂窝修理铺层详图

四、任务实施

（一）蜂窝材料损伤检测

（1）敲击检查发现的故障，只做记录，可不做修理。
（2）目视敲击检查的参考依据必须详细描述。
① 按照清单清点及检查工具、材料。
② 检查防护用品穿戴。
③ 结构损伤区域确定：检查损伤部位，确定损伤范围大小、深度等信息，填写结构损伤报告，蜂窝面层损伤示意如图 6-20 所示。

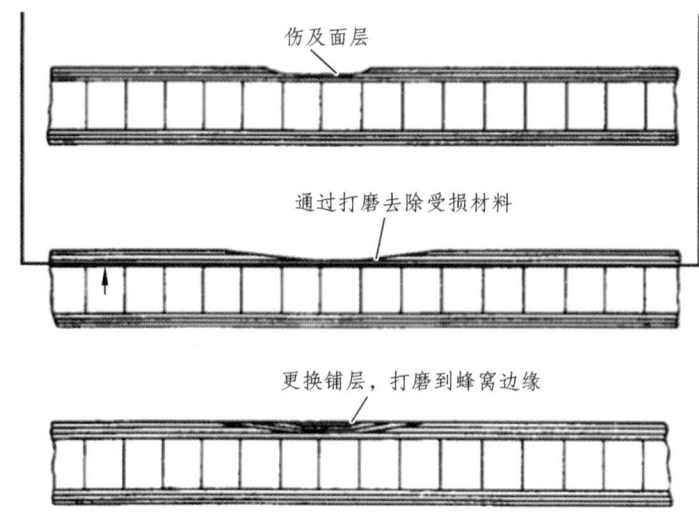

图 6-20　蜂窝面层损伤示意图

④ 修理与除漆区域确定：选择修理方法（斜接法 Scarf Method、阶梯法 Step-Joint Method），确定范围大小、修补层数等，周边贴标记带。

⑤ 打磨移除损伤：用打磨机、砂纸等清除损伤区域。

⑥ 清洁：用蘸有丙酮的干净湿棉布对打磨后的表面进行清洁，检查清洁效果，之后晾干（常温）。

⑦ 湿补片的制作与铺贴（见图 6-21）：

a. 使用与原始结构相同或厂家允许的玻璃纤维布，并按照修补尺寸与含胶量要求（50±5%），计算胶液用量并配胶。

b. 将胶液浸入玻璃纤维布，制成湿补片，两面用合适的辅助材料包住，标记方向，并进行裁剪至所需的尺寸，计算实际含胶量。

c. 按照原铺层方向进行铺贴，清除铺层之间树脂中的空气。

J-4 胶配胶环境要求：温度 15～30 ℃，湿度≤75%；

J-4 胶配方：（质量比）

环氧树脂胶　　100

邻苯二甲酸二丁酯　　5

三乙烯四胺　　10-14

⑧ 封装与固化。

按照 AC43-13 第 3 章及 SRM51 章第 70 节的要求，进行真空包装，参考图 6-22，检查真空是否完好（真空包装详图请自行查阅 SRM 手册）。使用设备进行固化，允许选手委托现场裁判或工作人员进行看守。

J-4 胶固化参数：

a. 常温固化 24 h 及其以上；

b. 加温至 60～100 ℃，固化 2～3 h。

⑨ 清理工作现场，清点工具材料。

⑩ 结构损伤报告、操作过程记录及后续工序填写。

 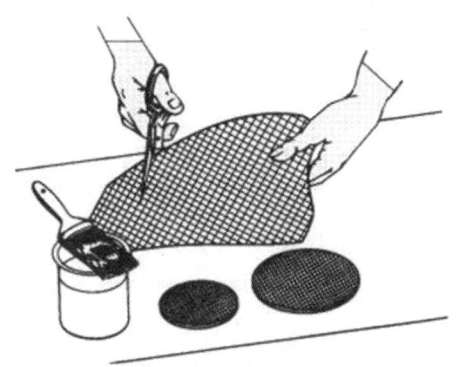

（a）用树脂填充玻璃布　　（b）用剥离层覆盖玻璃布，并用剪刀将其修剪成合适的大小

图 6-21　湿铺层制作示意图

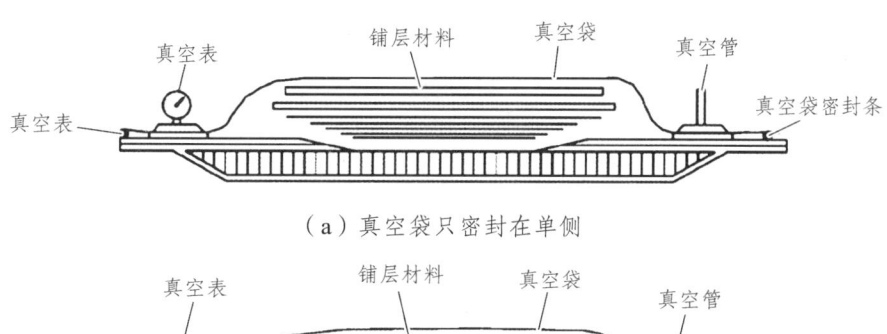

（a）真空袋只密封在单侧

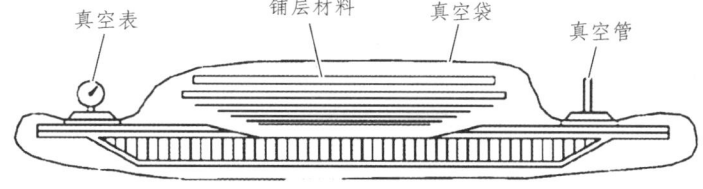

（b）真空袋密封在维修件的四周

图 6-22　蜂窝修理示意图

（二）蜂窝损伤修复流程

蜂窝修复考核中需要用到的考核因素如表 6-1 所示。

表 6-1　蜂窝修理考核要素

序号	考核要素
1	了解并掌握行业标准手册 AC43-13.1B、结构修理手册 SRM 等相关内容
2	正确穿戴使用个人防护用品
3	损伤区域、修理区域及补片尺寸的确定
4	打磨工具及打磨片的正确选择与使用
5	待胶接表面清洁

续表

序号	考核要素
6	按厂家手册，确定修补用干织物牌号等数据
7	按厂家手册，确定修补用的胶液牌号等数据（配胶的用量需要计算；配胶操作；含胶量计算）
8	复材缺陷的判断及修补
9	辅助材料的选择及使用
10	现场清理
11	结构损伤报告的填写
12	操作记录、数据记录、后续工序流程的填写（后续工序流程指实际操作至完成修理之间的工序）

（三）蜂窝夹芯修理评分标准

由裁判组按考核评分表对参赛选手比赛过程中的操作和检查及故障描述情况进行评分，具体如表 6-2 所示。

表 6-2 蜂窝修复考核评分表

1 操作前材料清点检查	项目		考核要点	分值
	1.1	检查是否缺少材料	错误、遗漏 1 处扣 0.5 分，直至扣完	0.5
	1.2	检查材料是否有合格证、出入库情况，判断是否在保质期		1.5
2 结构损伤区域确定	2.1	目视检查确定表面损伤情况	包含损伤类型、长×宽、形状坐标系内位置、目视检查的动作	5
	2.2	敲击检查确定是否有内部损伤与判断损伤区域（形状与面积）	发现有内部损伤 1 分、损伤位置 1 分、形状 1 分，判断内部损伤区域面积与实际损伤面积大小相差比例 ≤±7.5%得 2 分，≤±15%得 1 分，≤±20%得 0.5 分，>20%不得分 未发现内部损伤，此项 5 分总分不得分	5
	2.3	确定损伤深度及纤维损伤层数 注：假设单层纤维厚度理论值为 0.2 mm，因板材厚度公差为 8%，若发现损伤 3 层，则损伤深度范围值为 0.2 mm×3×（1±0.08）≈0.55～0.65 mm。测量数据要求在公差范围内，精确到小数点后 2 位	损伤深度的判定大于实际损伤的深度公差范围15%，扣 2 分	2

续表

		项目	考核要点	分值
2 结构损伤区域确定	2.4	个人防护用品穿戴（防护服、口罩/面具、手套、护目镜）	遗漏1项扣0.25分，直至扣完	1
	2.5	记录目视敲击检查的参考资料依据	注意：参考资料必须详细描述	2
3 修理与除漆区域确定	3.1	按相关手册确定合适的修理方法（斜接法、阶梯法）	方法选择错误，扣3分	3
	3.2	依据损伤层数正确确定修理区域及尺寸（阶梯法满足1/2~1 in，斜接法修理宽度是损伤深度的30~50倍）	尺寸错误1处扣1分	2
	3.3	正确确定除漆区域及尺寸	尺寸错误，扣1分	1
4 打磨移除损伤	4.1	检查打磨后各尺寸（每层圆直径及阶梯宽度等），均要满足一般公差（±1 mm），检测点不少于2处	尺寸超差1处扣0.5分，直至扣完	2
	4.2	打磨深度符合要求	多打磨1层扣1分，多打磨两层和伤及蜂窝均不得分	2
	4.3	打磨区域周边保护	未防护，扣1分	1
	4.4	个人防护用品穿戴（防护服、防尘口罩/面具、手套、防尘护目镜、耳塞）	遗漏1项扣0.25分，直至扣完	1.25
	4.5	打磨后及时关闭设备	未关闭，扣1分	1
5 清洁	5.1	对打磨后表面进行清洁至擦拭无灰尘	未用干净无绒布擦拭两遍，扣1分	1
	5.2	晾干	未晾干，扣1分	1
	5.3	晾干后对清洁表面进行保护	未对表面进行保护，扣1分	1
	5.4	个人防护用品穿戴（防护服、防毒口罩/面具、手套）	遗漏1项扣0.25分，直至扣完	0.75
6 湿补片的制作	6.1	选择修补材料牌号，并裁剪称重	材料选择错误，扣0.5分	0.5
	6.2	计算胶液用量	胶液用量错误，扣0.5分	0.5
	6.3	根据环境温湿度，判断是否可以开始配胶	未对温度湿度进行判定，扣0.5分	0.5

续表

		项目	考核要点	分值
6 湿补片的制作	6.4	配胶顺序（先放环氧树脂，最后放固化剂）	顺序错误，扣0.75分	0.75
	6.5	正确配比胶液	胶液的成分比例不满足100∶5∶（10~14），扣0.5分	0.5
	6.6	搅拌（不少于2 min）	少于2 min扣1分	1
	6.7	试剂取用操作（注射器禁止混用）	混用注射器，扣0.5分	0.5
	6.8	垃圾分类处理，危废品单独处理，并做标识	垃圾未分类，扣0.5分	0.5
	6.9	刷胶操作（延纤维方向），至浸透玻璃布	胶液未浸透玻璃布或刷胶方向不对，扣0.5分	0.5
7 湿补片的铺贴	7.1	刷胶结束后，涂胶面不得有多余物	有多余物，扣0.5分	0.5
	7.2	刮板排除湿铺层内部气泡	未排除气泡，扣0.5分	0.5
	7.3	剪出与修补区域大小匹配的补片	补片尺寸与修补区域大小不符，扣0.5分	0.5
	7.4	含胶量计算	含胶量控制在50（1±5%）内，若超过公差范围，该项不得分	1
	7.5	铺贴区域周边防护	未防护，扣0.5分	0.5
	7.6	铺贴补片，并排气	无排除气泡动作，扣0.5分	0.5
	7.7	清理铺贴区周边余胶	未清理余胶，扣0.5分	0.5
	7.8	个人防护用品穿戴（防护服、防毒口罩/面具、手套）	遗漏1项扣0.25分，直至扣完	0.75
8 真空包装与固化	8.1	确定真空包装方式（单面、双面）	真空包装方式错误，扣0.5分	1
	8.2	辅助材料铺放顺序符合标准	错误1处扣0.5分	2
	8.3	辅助材料的尺寸符合修理手册要求	尺寸错误1处扣0.5分	2
	8.4	真空气密性良好（无明显漏气声）	有明显漏气声，扣1分	1
	8.5	（1）确定固化方式；（2）若需现场人员看守设备，请与现场裁判请示	固化方式错误，扣1分；未与裁判请示看守设备，扣0.5分	1
	8.6	个人防护用品穿戴（防护服、手套）	遗漏1项扣0.25分，直至扣完	0.5
9 现场清洁、工具清点	9.1	工具清洁	未清洁1项扣0.5分	1
	9.2	工作台面、电子秤及设备台面清洁	台面、电子秤不干净，每处扣0.5分	1.5
	9.3	工具清点	未进行工具清点扣1分，漏清点1项扣0.5分	1
	9.4	材料清点	未清点扣1分，漏清点1项扣0.5分	1

续表

	项目		考核要点	分值
10	固化后零件质量（是否缺胶气泡、敲击检查）		有气泡，每处扣0.5分	2
11	入场即展示选手牌		未展示，扣0.5分	0.5
	取下选手牌前请向裁判请示		未请示，扣0.5分	0.5
12 结构损伤报告单填写	12.1	规范填写结构损伤报告单	漏填、错填，每处扣1分	10
	12.2	损伤简图描述（标注内容信息规范、完整、简洁）	每错误、遗漏1处扣1分	10
13 修理工序记录及后续方案	13.1	操作前清点检查记录	遗漏、错误、不详实，每处扣1分	4
	13.2	结构损伤区域确定记录		2
	13.3	修理与除漆区域确定记录		2
	13.4	打磨移除损伤记录		1
	13.5	清洁记录		1
	13.6	湿补片的制作与铺贴记录		4.5
	13.7	封装与固化记录		2
	13.8	现场清洁、工具清点记录		1
	13.9	后续方案的填写		2.5
合计			100分	

五、蜂窝夹芯修理安全管理

（1）必须有良好的通风设备。
（2）修理人员应戴口罩、氯丁橡胶手套、护目镜并穿工作服。
（3）如果上述对人体有害的修理材料喷溅到眼睛里，应用水冲洗并去看医生。
（4）当进行复合材料结构修理时，应使用防爆设备，并尽量远离热源、电火花源和火源（在复合材料结构修理中，如果修理材料蒸气或打磨时产生的粉尘含量过高，可能会因高温、明火或电火花引起爆炸）。

六、技能提升

复合材料结构是多采用复合材料面板和夹芯组成的结构形式，只有一些小的构件，蜂窝结构边缘以及连接处才是纯层压板结构。本节着重介绍蜂窝夹芯结构的修理过程，纯层压板结构的修理可参考夹芯结构表面的修理方法。修理流程如图 6-23 所示。

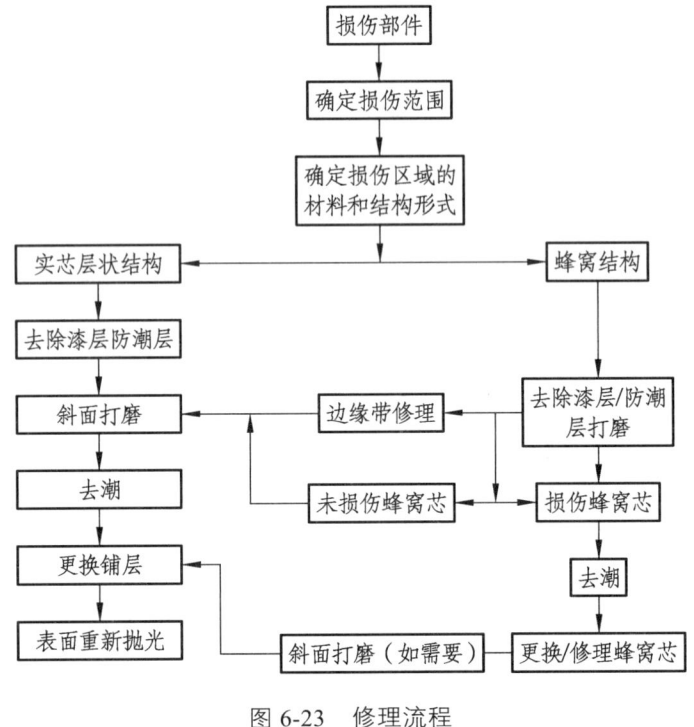

图 6-23　修理流程

（一）复合材料损伤区域的确定

1. 查找损伤部位，确定损伤界限

在本部分中详细介绍了复合材料结构的损伤类型及检测方法。无论是哪类损伤，首先用目视方法确定损伤位置，然后确定损伤范围。对于分层、脱胶以及外来物打击造成的损伤，可用敲击等方法把损伤区域划分出来。对于烧伤、裂纹、蜂窝进水等可用 X 射线、超声波等方式确定损伤范围。

2. 检查层压板铺层数

实施修理时，必须保持修复后的层压板铺层数与原结构层压板铺层数相等。因此，确定了范围后，必须检查原结构中层压板的铺层数。检查方法有三种：一是从原始资料中查找被修结构层压板的铺层数；二是用斜面打磨的方法把层压板从底部向顶部打磨，根据铺层的纤维走向数出铺层数；三是用超声波测厚方法测出层压板厚度，与制造材料比较进行换算。这三种方法中，在修理厂或外场容易实施的是第二种。

3. 清除杂物

复合材料结构损伤后，损伤部位往往有杂物，修理前，用干净的布蘸上丙酮（或乙醇）擦洗损伤表面，待清洗剂挥发后方可进行修理。

（二）复合材料损伤部分的清除

1. 损伤蒙皮的去除

去除损伤蒙皮的方法有两种，一种是将有砂盘（80号）安装在风钻上把损伤蒙皮打磨掉；另一种是用割刀把损伤部分切除掉。打磨或切除形状为圆形、椭圆形或长方形。打磨或切除损伤蒙皮时请注意不能损坏受损蒙皮、蜂窝芯和周围的其他材料。

2. 损伤蜂窝的去除

除用注胶修理小范围损伤外，对于较大范围的损伤，必须去除损伤蜂窝芯，并予以更换。当损伤厚度超过蜂窝芯厚度 1/2 时，需要把损伤蜂窝全部去除，其大小与切除的蒙皮大小一致，损伤蜂窝被切除后需要轻轻打磨其与层压板胶接时残留胶层，以保证修理时的胶接质量。

3. 除尘与斜坡打磨

在去除损伤蒙皮与损伤蜂窝时，会产生尘渣。在进行下一步修理时需用冷气吹除尘渣，然后用清洁剂（丙酮或乙醇）擦拭干净。

清除损伤的同时，需将损伤周围的层压板打磨成斜坡，以便露出层压板的每一铺层。每层的打磨宽度为 13～25 mm。图 6-24 所示为斜坡打磨示意图。

图 6-24　斜坡打磨示意图

视频：蜂窝面板打磨

4. 除湿

如果损伤区内蜂窝中有水分的痕迹，修理前必须去湿，方法如图 6-25 所示。把真空袋、透气布、加热毯、滤网等置于损伤区，加温至 60～70 ℃，加温时间至少 1 h，温度上升速率不超过 2.5 ℃/min。

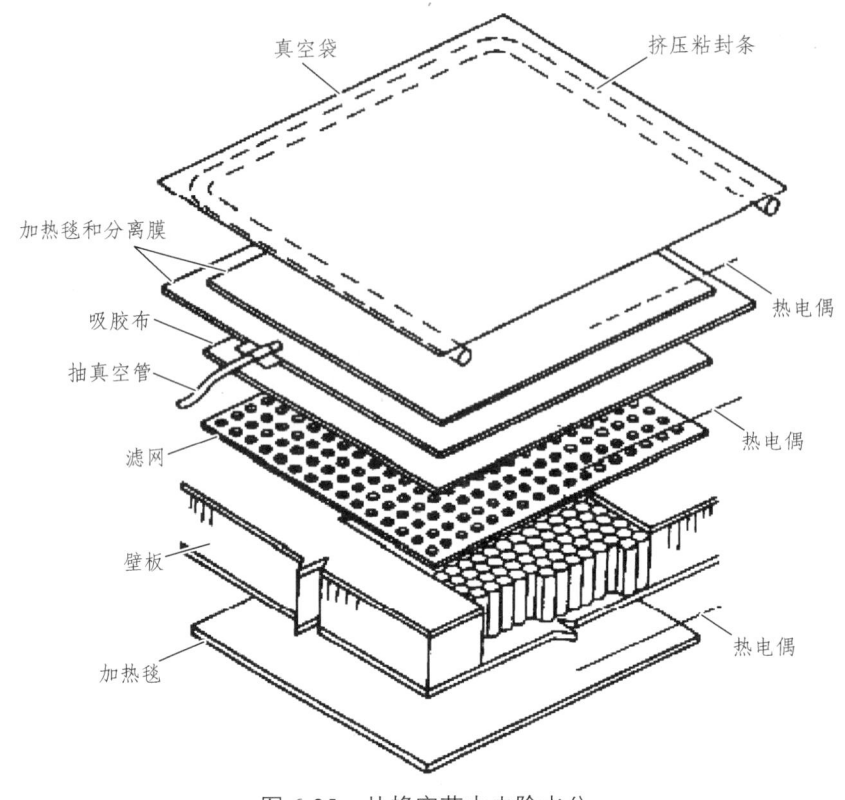

图 6-25 从蜂窝芯中去除水分

(三) 复合材料损伤修理

1. 表板的修理

表板需用铺层方法修理,铺层形状要与层压板打磨成斜坡后露出的原铺层每一层相同、大小相等,同时应多加一层附加层,层间搭接长度相等。每层(包括附加层)间尺寸差至少 26 mm,铺层材料必须与原结构相同,纤维走向与原铺层走向一致。

2. 蜂窝芯

修理时将一块厚度与原蜂窝芯材料相同的替换蜂窝材料,切割成与修整孔相吻合的形状,替换蜂窝与孔周围涂敷树脂(或密封剂),配合以紧密为宜。

3. 固化

固化分两步,第一步是对蜂窝芯固化。先在修整孔底部铺一层胶膜,然后把涂敷树脂(或者密封剂)的蜂窝芯块镶入孔中,以 22 mm 汞柱真空固化,固化后打磨芯块凸出部分,用真空抽杂物。第二步是对整个修理区域固化。无论是用预浸料或是湿铺层进行修理,均需按铺层大小顺序进行铺贴(表板),最小的内侧纤维层与表板内侧孔相一致,其余按比例大小依次铺贴。蜂窝芯固化如图 6-26 所示。铺层固化如图 6-27 所示。

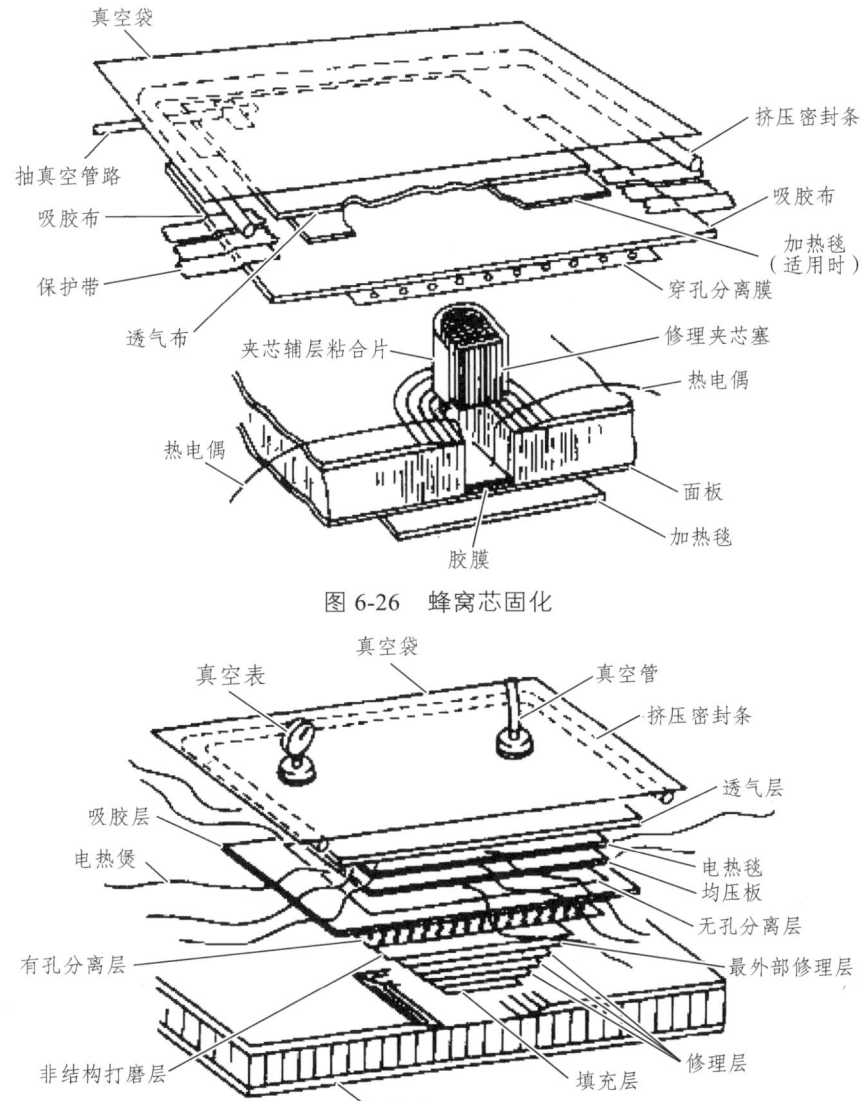

图 6-26 蜂窝芯固化

图 6-27 铺层固化

有孔分离层：带孔的分离层置于最外修理层的上部，比最大修理层至少大 80 mm。

吸胶层：玻璃纤维吸胶层置于分离层之上，比分离层大 50 mm，用于吸附由分离层孔溢出的多余胶。

无孔分离层：置于吸胶层上，大小与有孔分离层相同。

均压板（铝箔）：置于电热毯下，以使固化过程中温度及压力传递均匀，并使修理表面光滑。

加热毯：加热毯的尺寸至少比修理区大 50 mm，通过导线与外电源相连。

热电偶：置于修理区域的周边位置，并与监控仪连接（布置热电偶时应注意其排放顺序及位置）。

透气层：加热毯上要置放 4~6 层玻璃纤维（布），其大小以可与吸胶层接触为宜，作用是隔热、防止真空袋塑料薄膜损坏并透气。

挤压密封条：置于修理区周围，在比电热毯大 50~150 mm 的周边上放置，下接触面为被修件表面，上接触面为真空袋塑料薄膜，起黏结、密封作用。

真空袋：覆盖以上各层，与密封腻子条黏结，形成真空袋。

真空表、真空管：真空表检查真空袋气密情况，真空管与外部抽真空装置相连，安装时，真空表与真空管分别置于真空袋两对角。

固化温度的选择视被修部件原始材料及采取的修理方法（指预浸材料、预固化补片或湿铺层修理）而定。一般分为室温（21~27 ℃）、中温（120 ℃）、高温（180 ℃）三种。

固化结束后，把所有真空袋材料移开，用细砂纸轻轻打磨表面，清理表面，然后喷涂漆层或导电层。

项目七 飞机日常检查

一、教学目标

【知识目标】

（1）掌握飞机日常检查通常包括的内容。
（2）知道飞机日常检查应该具备哪些能力。
（3）知道飞机各系统部件的组成及在飞机上分布的位置。

【技能目标】

（1）能够按照给定的检查工卡完成对飞机日常检查。
（2）能准确描述飞机存在的故障，并准确用文字加以描述。

【素质目标】

（1）培养良好的机务作风，如工具清点，以及规范施工应该具备的意识。
（2）培养安全意识，做到不伤害自己、不伤害他人、不被他人伤害。
（3）培养良好的沟通与交流的能力。

二、日常检查类型

选手依据给定的飞机检查程序，按机务检查的规范要求和适航要求，完成初始验收检查内容，同时提交相应的文件报告，记录维护检查过程中发现的故障。本项目考核选手对直升机结构和原理的理解和掌握，独立完成机务检查发现故障的能力，以及正确表述故障现象、正确填写相关表格文件、良好的沟通与交流的能力。

根据航班运行时间，航线检查一般分为航前、短停和航后检查。

航前检查（Pre-flight，PF）：航空器执行首次飞行任务前所进行的例行检查、勤务和排除故障的工作。一般来说，航前维修工作包括：航空器交接、轮胎气压测量和充气、起落架镜面清洁、放燃油沉淀、执行航前检查工作单和航空器出港送机等。航前检查工作单主要内容为对各区域、系统的检查和测试，期间可能需要执行开关舱门和勤务盖板，取下发动机蒙布、起落架安全销、皮托管套，接通电源、燃油、引气、空调、液压系统等辅助工作。

短停检查（Transit，TR）：航空器执行首次飞行任务至任务结束期间，在经停站所进行的例行检查、勤务和排故故障的工作。一般来说，短停检查工作包括：航空器入港接机、执行短停检查工作单和航空器出港送机。短停检查工作单主要内容为对各区域、系统的检查和测试，期间可能需要执行打开舱门和勤务盖板，接通电源、燃油、引气、空调、液压系统等辅助工作。

航后检查（After-flight，AF）：航空器飞行任务结束后，所进行的例行检查、勤务和排除故障的工作。一般来说，航后维修工作包括：航空器入港接机、减震支柱镜面清洁、发动机滑油补充、执行航后检查工作单、航空器交接等。航后检查工作单主要内容为对各区域、系统的检查和测试，期间可能需要执行开关舱门和勤务盖板，安装发动机蒙布、起落架安全销、皮托管套，接通电源、燃油、引气、空调、液压系统等辅助工作。

机务检查需要具备以下能力：

（1）理解并运用相应的维护手册和批准的说明文件，包括对定期验收检查流程进行说明的任务卡。

（2）按照初始检查清单，精确地确定飞机是否能够安全飞行或是否需要进一步检查。

（3）开闭各种检查口盖。

（4）按照要求运行各系统，确定系统工作是否正常。

（5）精确地完成相应的文件，从而反映出初始验收检查的完成情况。

（6）清楚准确地记录故障，并通知管理人员。

（7）严格按照国际适航标准完成所有任务。

三、绕机检查基础知识

（一）一般检查要求

（1）按照绕机检查路线进行区域检查，各区域内的具体项目没有先后顺序的规定，可按照实际情况前后调整。但需"看一条、做一条、签一条"，以避免差错。

（2）对于绕机检查，应按照给定的路线进行，工作者在检查点之间以缓慢移动的方式进行绕机检查，对于发动机下部、机腹下部以及轮胎检查时需以蹲下的方式以保证检查质量。

（3）机身外部检查应由远及近、切向与垂直相结合。远位置能观察到全局，由远及近移动地检查飞机外形缺陷，沿切向检查更容易发现表面凹坑等缺陷，而沿垂直检查则更易发现表面裂纹、划痕、雷击等损伤。

（4）目视检查的一般要求为在地面不借助梯子或平台，对飞机目视可见部分进行检查。如果发现有异常或怀疑有异常时，需要进行详细目视检查。

（5）实际工作中，如果发现航线工作单检查项目和包含的内容出现不正常，则依据 AMM（飞机维护手册）等手册进入状态评估、故障和缺陷的排除程序，按照 AMM、FIM（故障隔离手册）等手册处理。

（二）绕机检查路线

绕机检查路线（以罗宾逊 R44 为例）如图 7-2 所示，检查一定应是一个完整的闭环，而不可以走马观花。

项目七 飞机日常检查

 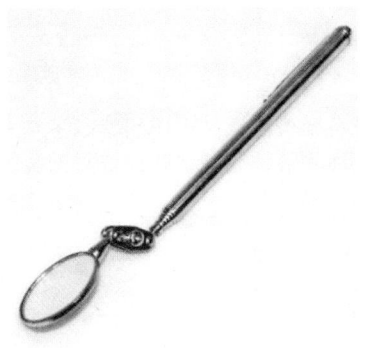 

（a）手电筒　　　　　　　（b）反光镜　　　　　　　（c）放大镜

图 7-1　机务检查常用工具

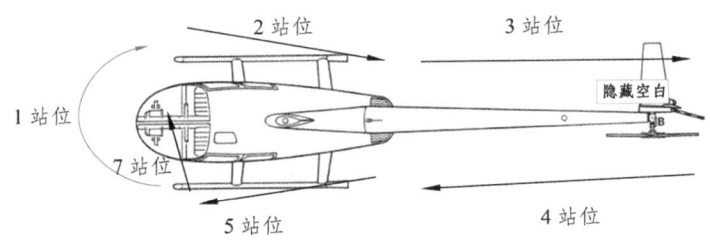

注：6 站位为飞机下部。

图 7-2　绕机检查路线

（三）绕机检查内容

1. 通用项目检查要求

表 7-1　通用项目检查及要求

检查项目	要求
机身蒙皮	确保可视区域的蒙皮无严重脱漆、无起皱、无凹坑、无划伤、无裂纹、无腐蚀、无铆钉松脱、无雷击（尤其关注铆钉处）、无鸟击等缺陷
紧固件	检查机身腹部、大翼下表面、吊架区域的盖板紧固件无丢失、无松动、无腐蚀
排放孔/排放口	没有异常液体的渗漏。如果发现有液体渗漏，必须判明液体的性质，找到液体的来源，从而判断是否需要排故
进气口/排气口	无损伤、无腐蚀、没有异物堵塞

续表

检查项目	要求
勤务盖板	确保机身各勤务盖板在未使用状态下均关闭锁好，锁扣平齐，检查盖板闭合紧固无松动间隙，铰链状态良好，无裂纹。打开盖板后须确认关好
起落架区域液压管路电气线路	起落架区域可视的液压管路无磨损，管接头无渗漏，软管无湿润、无扭曲变形。电气线路保护层无磨损、无污染，电插头无松动
应急设备	不同构型的飞机应急设备数量可能不同，检查原则：按照飞机应急设备放置的标识进行检查，确认相应的应急设备已经配备，并按规定放置；有数量限制的，清点相应的设备数量是否正确；检查应急设备状态是否正常

2. 左前机身检查内容

（1）迎角风标清洁，无外来物附着，无油污、血迹；完好，无外来物损伤、变形、开裂、缺损，无雷击。

（2）静压孔清洁，无外来物附着，无污染物，无积水、结冰，采样孔通畅无异物；完好、无损伤，无过热发黑迹象。

（3）电子舱通风活门进气口通畅无外来物堵塞；进口活门通电时在正常位清洁，无损伤；超控手柄收进锁好。

（4）氧气舱门关闭并且锁好。

（5）氧气机外释放指示显示绿色。

3. 机头部分检查内容

（1）空速管探头及总温传感器（TAT）清洁，无外来物附着，无油污、血迹；完好，无外来物损伤、变形、开裂、缺损，无雷击采样孔，通畅无堵塞，无积水。

（2）前电子舱门关闭。

（3）备用静压孔清洁无堵塞，无鸟或硬物撞击痕迹。

（4）雷达天线罩清洁，无血迹、油污、其他污垢，无外物附着；完好，无外来物损伤、划伤、凹陷、变形，无雷击痕迹，无漆层剥落导电条（防雷击条），完好无损坏；锁钩锁好，锁扣平齐。

（5）电瓶通气孔无堵塞，无液体流出或曾经流出的痕迹。

4. 前起落架检查内容

（1）起落架整体结构正常无变形。

（2）滑行、起飞、转弯灯外壳干净且灯丝没有发黑。

（3）减震支柱内筒无油液渗漏，无划痕，无腐蚀；洁净，无水痕、污迹；伸长正确。

（4）液压管路无渗漏。

（5）安全销取下。

（6）拖机销拖机时始终销好；滑出前必须取下。

（7）轮胎压力目视正常，磨损情况正常，轮毂无变形损伤，轮毂上的红线应与轮胎上的对齐（轮毂帽可以缺失一个，但该轮不带防滞），刹车指示灯刹车时灯亮、松刹车时灯灭。

5. 右前机身检查内容

（1）右+后电子设备舱门关闭。
（2）电子设备通风排气活门清洁。
（3）副驾驶/机长静压孔清洁。
（4）迎角探头在位、无变形。
（5）前货舱门和选择器面板检查正常。

6. 下部中间机身检查内容

（1）排气门：清洁无血迹、油污；完好无外来物损伤、无开裂。
（2）检查各面板：各面板均应处于关闭状态。
（3）天线：无血迹、油污、其他污垢，无外物附着，无外来物损伤，无开裂、断裂；无雷击。
（4）冲压空气进口风门：正常。
（5）防撞灯：完好。
（6）中央油箱磁燃油位指示杆：齐平。
（7）空调组件空气进出口：清洁。
（8）机腹排放口：无油液、污水、水滴；通畅无堵塞。

视频：绕机检查操作示例

四、任务实施

请按以下测试程序，按照表 7-2 的要求，完成罗宾逊 R44 直升机的初始验收检查。
（1）参赛者检查工具、材料是否齐全。
（2）按照程序要求，对直升机各个系统进行检查。
（3）选手对发现的缺陷进行描述，提交裁判。
（4）裁判组根据选手检查结果，进行评判。
（5）清理工作现场，清点工具，回收文件资料。

重点考核选手按照手册规定的程序完成直升机（或飞机）飞行前检查的能力，确保直升机（或飞机）各系统正常，可以正常执行飞行任务。根据现场作业情况，来评测选手的日常维护检查水平、工具资料的运用能力、问题的分析处理能力。

表 7-2 罗宾逊 R44 直升机的初始验收检查

工步	检查内容	分值	评分标准
	站位 1——机头部位	3	漏检 1 处扣 0.5 分，直至扣完 3 分为止
1.1	检查机头蒙皮无损伤、外表漆层良好，铆钉无松动、脱落		
1.2	检查机头风向标无断落、遗失		
1.3	旋翼系留座无损伤、变形及松动，固定可靠		

续表

工步	检查内容	分值	评分标准
1.4	检查座舱通风口无损伤、无堵塞		
1.5	检查驾驶舱风挡玻璃应清洁、无划伤、无裂纹，螺钉、密封橡胶固定可靠		
1.6	检查机头着陆灯固定可靠，外表无损伤、破裂		
1.7	检查机头下部支承座外表无损伤、固定可靠		
1.8	机头下部大气温度传感器外表无损伤、固定可靠		
	站位2——机身右侧	10	
2.1	机身右侧蒙皮无损伤、变形，表面漆层良好、无脱落		
2.2	机身蒙皮固定铆钉、螺钉无松动、脱落		
2.3	右航行灯外表无损伤、变形，灯罩无松动、脱落，固定可靠		
2.4	右起落架与机身连接螺栓无松动，保险良好，外表无损伤、变形		
2.5	滑橇底部5个防磨块固定可靠，无严重磨损		
2.6	下部辅助燃油泵漏油管外表无损伤、变形，管嘴无堵塞		
2.7	下部燃油滤漏油管外表无损伤、变形，管嘴无堵塞		
2.8	右驾驶舱门固定可靠，铰链保险良好，开启灵活，阻尼作动筒工作正常，舱门内外开锁、上锁操作自如，无卡滞		
2.9	右驾驶舱门玻璃应清洁，无损伤、变形，辅助通风口开启、关闭灵活，上锁可靠		
2.10	松开上部旋翼刹车拉手		漏检1处扣0.5分，直至扣完10分为止
2.11	右客舱门固定可靠，铰链保险良好，开启灵活，阻尼作动筒工作正常，舱门内外开锁、上锁操作自如，无卡滞		
2.12	右客舱门玻璃，应清洁，无损伤、变形，辅助通风口开启、关闭灵活，上锁可靠		
2.13	发动机进气口保护罩、滤网无损伤、变形、松动、脱落，进气口内无多余物		
2.14	机身右侧大气静压孔应清洁、无堵塞		
2.15	副油箱口盖外表完好，固定可靠，拧紧定位色标应对齐		
2.16	副油箱外表整体状况良好，无渗漏痕迹		
2.17	空速管应固定可靠，外表无损伤，进气口无堵塞		
2.18	主轴整流罩外表清洁，无损伤、变形，表面漆层良好，无松动，前缘无撞击痕迹		
2.19	主轴整流罩固定螺钉、铆钉无松动、脱落，上部百叶窗无损伤、变形		
2.20	上部天线外表无损伤、变形、缺失、断落等异常，固定可靠，无松动		
2.21	机身上部进气散热孔无损伤、变形、堵塞		
2.22	打开主减速器舱两个检查口盖，检查快卸锁，应操作自如，无卡滞、松动、脱落现象		

续表

工步	检查内容	分值	评分标准
2.23	舱内的三根散热通风软管无破损、变形，软管两端卡箍、中间的扎带固定可靠		
2.24	顶部的天线馈线连接固定可靠，底座固定螺钉连接良好		
2.25	紧急定位发射器固定可靠，电缆连接固定良好		
2.26	检查液压油箱外表无损伤、变形，无油液渗漏痕迹，固定可靠，色标未错位		
2.27	液压油箱连接软管无损伤、扭曲变形，无渗漏，软管固定可靠		
2.28	旋翼传动轴与主减速器挠性连接的固定螺栓连接可靠，保险色标未错位		
2.29	转速传感器固定可靠，螺栓上黄色色标未错位；传感器电缆连接正确，无松动		
2.30	舱内电缆外表无损伤、变形、扭曲，固定可靠		
2.31	主减速器橡胶减震垫无裂纹、破损，固定螺栓连接可靠，保险未错位		
2.32	主减速器滑油量应在 1/2～3/4，加油口堵盖应拧紧可靠		
2.33	主减速器温度色标粘贴牢靠，显示温度在规定范围内		
2.34	主减速器下部磁屑传感器固定可靠、无松动，电缆连接良好		
2.35	液压泵固定可靠、无油液渗漏，其上的温度色标粘贴牢靠，显示的温度未超过规定值		
2.36	副油箱下部无燃油渗漏痕迹，燃油压力传感器固定可靠		
2.37	副油箱下部的主、副油箱放沉淀物塑料软管连接可靠，无燃油渗漏，管夹在锁定位置		
2.38	舱内燃油导管连接可靠，无油液渗漏		
2.39	尾桨变矩拉杆连接正确，轴向和径向间隙正常，转运灵活，固定可靠，保险良好，色标未错位		
2.40	舱内无多余物，关闭两主减速器舱检查口盖		
2.41	打开发动机燃油调节器检查口盖，检查快卸锁，操作自如，无卡滞、松动、脱落现象		
2.42	检查发动机气缸盖无损伤、变形，盖板与密封垫固定可靠，无油气泄漏痕迹。		
2.43	发动机进气软管无损伤、变形，与燃油调节器之间固定可靠		
2.44	舱内无多余物，关闭发动机燃油调节器检查口盖		
2.45	打开动力驱动舱口盖，检查快卸锁，操作自如，无卡滞、松动、脱落现象		
2.46	尾桨变矩摇臂固定可靠，转运灵活，色标未错位		
2.47	散热通风软管无破损、变形，软管两端卡箍固定可靠		
2.48	上框架无裂纹，各螺栓连接处固定可靠，保险良好，保险色标未错位		

续表

工步	检查内容	分值	评分标准
2.49	电缆线外表无损伤、变形、扭曲,固定可靠		
2.50	离合微动电门(两件)固定可靠,连接电缆良好		
2.51	旋翼刹车电动机构外表无损伤、变形,固定可靠		
2.52	尾桨挠性联轴器螺栓固定可靠,保险良好,色标未错位		
2.53	尾桨齿轮箱固定可靠,无油液渗漏,温度色标粘贴牢靠,温度显示在规定范围内		
2.54	四根V型皮带轮无划伤、割伤,外表较光滑		
2.55	打开通风散热器,检查口盖,无多余物		
2.56	舱内无多余物,关闭动力驱动舱口盖		
2.57	散热通风风扇进气口百叶窗外表无损伤、变形,固定可靠		
2.58	散热风扇进口无多余物,无裂纹、变形,散热风扇上大螺母中心处固定保险丝无松动、断裂		
2.59	散热风扇上大、小螺母固定色		
	站位3——尾梁右侧	3	
3.1	尾梁右侧表面无损伤、变形、裂纹等,紧固件无松动、脱落		
3.2	防撞灯外表无损伤、变形、破裂,固定可靠		
3.3	轻轻拍打尾梁下部,尾梁内无多余物		漏检1处扣0.5分,直至扣完3分为止
3.4	水平安定面外表无损伤、裂纹、变形,紧固件无松动脱落		
3.5	尾部航行灯外表无损伤、裂纹、变形,固定可靠		
3.6	垂直安定面右侧外表无损伤、变形,紧固件无松动脱落		
3.7	垂直安定面下的尾撬外表完好,固定可靠,紧固件无松动、脱落		
3.8	在旋转尾桨的同时,检查旋翼桨叶外表,无损伤、变形及腐蚀,表面涂层良好;检查旋翼翼尖罩,无损伤、腐蚀及松动,固定可靠		
	站位4——尾梁左侧	3	
4.1	垂直安定面左侧外表无损伤、变形,紧固件无松动脱落		
4.2	尾桨保护装置外表无损伤、裂纹、变形,固定可靠,标志清晰		
4.3	尾减速器外表无损伤、裂纹、变形,无滑油渗漏,固定可靠,保险色标未错位		漏检1处扣0.5分,直至扣完3分为止
4.4	齿轮箱滑油量,应在1/2~3/4,加油口堵盖应拧紧可靠,通气孔无堵塞		
4.5	尾桨齿轮箱温度色标带粘贴牢靠,温度显示在规定范围内		
4.6	尾桨齿轮箱下部金属屑传感器固定可靠、无松动,电缆连接良好		
4.7	尾桨叶外表清洁,无损伤、裂纹、变形,固定可靠,保险可靠,色标未错位		
4.8	尾桨变矩拉杆转动灵活,固定可靠,保险良好		

续表

工步	检查内容	分值	评分标准
4.9	操纵拉杆端头、操纵直角摇臂、摆动轴承运动自如,无松动,固定可靠,色标未错位		
4.10	尾梁左侧蒙皮表面无损伤、变形、裂纹等,紧固件无松动、脱落		
	站位5——机身下部	3	
5.1	排气管外表无损伤、变形及裂纹,管内无多余物		
5.2	机身下部发动机舱		
5.3	四根V型皮带与皮带轮外表无损伤、变形,下支撑点固定可靠,无多余物		
5.4	两侧滑油散热器及连接导管外表无损伤、变形,固定可靠,无滑油渗漏		
5.5	启动电机、发电机外表无损伤、变形,固定可靠,色标未错位;电缆无损伤,连接牢固,无松动、脱落		
5.6	启动电机齿轮与发动机齿轮无损伤,且两齿轮应分离,发电机皮带轮无损伤,连接可靠		漏检1处扣0.5分直至扣完3分为止
5.7	座舱加温通风软管外表无损伤、变形,软管固定可靠		
5.8	消声器外表无损伤、变形,固定可靠		
5.9	各个缸的进、排气管外表无损伤、变形,固定可靠,色标未错位		
5.10	各缸共6个点火电嘴、滑油导管等外表无损伤、变形,固定可靠,无油液渗漏		
5.11	发动机固定支架无损伤、裂纹、变形,固定可靠,保险良好,色标未错位		
5.12	发动机下部无油液渗漏痕迹,滑油放油管无损伤、变形,管嘴堵塞		
5.13	燃油调节器、发动机进气软管外表无损伤、变形,无油液与气体泄漏		
5.14	滑油通气管外表无损伤、变形,固定可靠,无堵塞。		
5.15	燃油滤、辅助燃油泵外表无损伤、变形,无渗漏油痕迹		
5.16	燃油调节器漏油管无损伤,管嘴无堵塞		
5.17	蓄电瓶电缆连接正确,固定可靠		
	站位6——机身左侧	4	
6.1	检查机身左侧蒙皮无损伤、变形,表面漆层良好、无脱落		
6.2	机身左侧蒙皮固定铆钉、螺钉无松动、脱落		
6.3	左起落架与机身连接螺栓无松动,保险良好,外表无损伤、变形		漏检1处扣0.5分,直至扣完4分为止
6.4	左起落架底部5个防磨块固定可靠,无严重磨损		
6.5	左航行灯外表无损伤、变形,灯罩无松动、脱落,固定可靠		
6.6	机身上部进气散热孔无损伤、变形、堵塞		
6.7	主油箱口盖外表完好,固定可靠,拧紧定位色标应对齐		
6.8	主油箱外表整体状况良好,无渗漏痕迹		

续表

工步	检查内容	分值	评分标准
6.9	主轴整流罩外表清洁,无损伤、变形,表面漆层良好,无松动,前缘无撞击痕迹		
6.10	主轴整流罩固定螺钉、铆钉无松动、脱落,上部百叶窗无损伤、变形		
6.11	主铰接螺栓固定可靠,保险良好;操纵拉杆端头转动灵活,无松动		
6.12	变距拉杆两端固定可靠,保险良好,色标未错位		
6.13	倾斜盘扭力臂连接可靠,无过度松动感觉		
6.14	打开发动机滑油检查口盖,检查快卸锁,操作自如,无卡滞、松动、脱落现象,加油口盖应拧紧		
6.15	蓄电瓶外表无损伤、变形,固定可靠,冷却通风管连接卡箍固定牢靠		
6.16	磁电机与磁电机通风管外表无损伤、变形,固定可靠,通风管口对准磁电机		
6.17	滑油滤芯、滑油加油口盖外表无损伤、变形,连接固定可靠		
6.18	发动机外表无损伤、变形,无油液渗漏		
6.19	舱内无多余物,关闭检查口盖		
6.20	机身左侧大气静压孔清洁、无堵塞		
6.21	左客舱门固定可靠,铰链保险良好,开启灵活,阻尼作动筒工作正常,舱门内外开锁、上锁操作自如,无卡滞		
6.22	左客舱门玻璃清洁,无损伤、变形,辅助通风口开启、关闭灵活,上锁可靠		
6.23	左驾驶舱门固定可靠,铰链保险良好,开启灵活,阻尼作动筒工作正常,舱门内外开锁、上锁操作自如,无卡滞		
6.24	左驾驶舱门玻璃清洁无损伤、变形,辅助通风口开启、关闭灵活,上锁可靠		
站位 7——检查座舱		3	
7.1	打开左侧舱门,检查各个座椅,固定可靠;检查座椅安全带外表,无损伤、固定牢靠,安全保障功能正常		漏检 1 处扣 0.5 分,直至扣完 3 分为止
7.2	总距杆固定可靠,应放置在最低位置并锁住		
7.3	驾驶杆运动灵活,无卡滞现象		
7.4	脚蹬固定可靠,运动灵活,无卡滞现象		
7.5	仪表板固定可靠,仪表板上仪表无松动		
7.6	各系统电源开关在关闭位置		
7.7	燃油切断开关在油路通(ON)位置		
7.8	将旋翼刹车拉手置于刹车位置		
7.9	座舱内无多余物		

续表

工步	检查内容	分值	评分标准
8	检查路线顺序	4	按要求顺序检查
9	工具检查	5	正确清点检查工具
10	安全文明生产	5	动作标准，不粗暴，工作安全，工具完好
11	故障描述，选手找到且描述各故障正确	60	按找到且描述正确的故障数得分
合计分值		100	得分

表 7-3　飞机检查比赛中所需工具

序号	名称	规格	数量	备注
1	手电筒	市售	1	
2	一字螺丝刀	6寸	1	
3	毛巾	通用	1	
4	毛刷	通用	1	
5	塞尺	通用	1	
6	钢板尺	1~20 cm	1	

表 7-4　飞机检查比赛中所需材料

序号	名称	规格	数量	备注
1	棉布手套	市售	一双	
2	棉布	市售	若干	

五、机上工作安全注意事项

（1）不准穿硬底或外露钉子的鞋。
（2）不准任意攀登。
（3）不准乱刻乱画。
（4）不准踩踏活动翼面、座舱密封胶带以及印有"禁止踩踏"标志的部位。

（5）不准不垫脚踏布就在飞机表面操作。

（6）不准携带与实验操作无关的易燃、易爆和容易遗留在飞机上的物品。

（7）不准把工具、机件直接放在蒙皮上；不准随意乱扔开口销、保险丝。

（8）不准擅自扳动与所进行操作无关的操纵手柄、开关、电门和按钮。

（9）不准不熟悉操作程序的人员上飞机操作。

（10）不准未经实验指导老师许可上飞机。

六、技能提升

飞机航后检查是飞机航线检查的重要组成部分，具备波音 737 飞机航后检查的能力，对于飞机维修比赛中机务检查模块，将会有很大的促进作用，我们以 B737-500 飞机航后检查工卡为案例进一步提升机务检查的能力。B737-500 飞机航后检查工卡如表 7-5 所示，绕机检查路线见图 7-3。

表 7-5　B737-500 飞机航后检查工卡

B737-500 飞机航后检查	完成时间：4 h
工卡内容	
工具和设备： 1. 内话耳机（件号：12304G-C4）。 2. 防爆手电（按需）。 3. 起落架安全销（件号：F72735）。 4. 前轮转弯销（件号：F72735-13）。 5. 皮托管保护套（件号：KPC3-775-625）。 6. 一字螺丝刀	
劳保用品、耗材、器材： 1. 手套。 2. 毛巾。 3. 航空器涡轮发动机润滑油（BP TURBO OIL2197，MIL-PRF-23699）。 4. 减震支柱液压油（BMS3-32 Type Ⅱ，减震支柱清洁工卡中已有实训，此处仅告知学员工卡涉及，不实际领用）。 5. 液压油（BMS3-11 Type Ⅳ，液压油勤务工卡中已有实训，此处仅告知学员工卡涉及，不实际领用）	
注意事项： 1. 严格按工卡程序检查，逐项签署，看一条、做一条、签一条。 2. 检查过程中发现异常情况，需及时向教员报告。 3. 若皮肤或眼睛沾上滑油或液压油，需立即用大量的水冲洗	

续表

工作步骤	工作者	检查者
一、准备工作 1. 查找适当手册，找到 B737-500 飞机的发动机风扇转子叶片检查的章节号。 章节号：_____。 2. 清点工具，确认工具处于正常状态。 3. 清点耗材，核对耗材的件号和数量。 4. 检查航空器中操作区域，如发现异常状态，尽快向教员如实汇报。 5. 清理工作场地，清除场地中的多余物		
二、操作流程 1. 开始工作 （1）飞机到达后挡好轮挡，确认机坪灭火设备到位，插上地面耳机与机组联络松刹车。 （2）安装起落架安全销，确保其有效在位且标志明显。 （3）检查发动机滑油量并按需加油。加油量填入飞机记录本。 注：应该在发动机关车后 30 min 内检查滑油量（此时滑油箱内的滑油仍然是热的）。 （4）对照检查驾驶舱液压油量表和液压系统油箱上的油量表，确保指示一致		
2. 飞行控制舵面操作检查 警告：在液压系统增压前，确保所有的飞行控制面周围无人员和设备。当液压系统增压时，副翼、方向舵、升降舵、后缘襟翼、前缘襟翼和缝翼、扰流板、起落架和反推会快速移动，这将导致人员和设备的损伤。 （1）供电，增压 A 和 B 液压系统。 （2）确保内反推包皮和发动机风扇包皮关闭。 （3）移动襟翼控制杆到 40 单位并确保襟缝翼保持在完全伸出位。 （4）前轮转弯卸压旁通活门放置在旁通位并插上转弯锁销。 （5）全行程操纵升降舵、方向舵及副翼 3 次。 （6）用备用液压系统操纵方向舵 3 次。 （7）卸去 A、B 系统和备用液压系统液压压力		
3. 前机身区域 （1）目视检查雷达罩无损伤，确保固定螺钉没有丢失或明显的松动。 （2）检查 RVSM 关键区域（在机身外部用红线框出）和静压孔区域，确保表面光滑洁净，无凹坑或损伤。 （3）皮托管（左右各 2 个）无损伤、堵塞，在确认温度安全冷却后给皮托管套上保护套（注意红色警示飘带无丢失）。 （4）全温探头无损伤、堵塞，左右备用静压孔无堵塞，周围镜面干净无划伤，左右迎角探测器无损伤		

续表

工作步骤	工作者	检查者
绕飞机一周，完成以下 4~13 项检查： 注：对于飞机外表蒙皮及遍布飞机的漏水孔，工卡虽未提及，检查者仍应注意蒙皮是否有明显的损坏漏水孔以及是否有不正常的液体漏出。同样，对于飞机外部可见的导线管及邻近电门等电气部件，工卡中虽未提及，检查者仍应注意这些电气部件是否有相磨或受损坏		
4. 左机翼区域 （1）检查左机翼各飞行操纵面和机翼下表面，确认各部件无损伤和油液渗漏。 （2）检查左机翼下表面的火焰抑制器（油箱通气口）压力释放活门舌片是齐平的。 （3）操作检查确认左大翼机翼照明灯、内着陆灯、转弯灯、左翼尖航行灯、频闪灯（如有）、外侧着陆灯、机身上部红色防撞灯、左航徽灯工作正常，确保其灯罩完好，并视情清洁。 （4）检查左翼放电刷（4个）在位、无损坏；目视检查飞机底部和目视所及的飞机顶部所有导航/通信系统的天线在位且状态良好		
5. 尾部区域 （1）从地面目视检查垂直尾翼和方向舵、水平安定面和升降舵，无明显损坏，无油液渗漏。APU 余油管和舱门下部无油液渗漏。 （2）检查飞机尾部，无拖尾现象。 （3）检查尾部应无损伤，白色防撞灯（如有）工作正常，确保其灯罩完好，并视情清洁。 （4）检查水平安定面和垂尾的静电放电刷应在位、无损坏（左右水平安定面各3个，垂尾4个）		
6. 后货舱区域 （1）检查后货舱门及其封严条应无损坏，货舱内部壁板和天花板无穿洞撕裂，接合处密封良好，确保安装网无损坏和丢失，其锁扣和安装亦无损坏和丢失。检查舱内无有害物质并清洁。 （2）检查后货舱内外部照明灯工作应正常，确保其灯罩完好，并视情清洁。 （3）检查 APU 灭火瓶释放（黄色）和热释放（红色）指示片完好		
7. 右机翼区域 （1）检查右机翼各飞行操纵面和机翼下表面，确认各部件无损伤和油液渗漏。 （2）检查确认加油站盖板盖上、锁好、无油迹。 （3）检查确认右机翼下表面的火焰抑制器压力释放活门舌片应是齐平的。		

续表

工作步骤	工作者	检查者
（4）操作检查确认右大翼机翼照明灯、内着陆灯、转弯灯、右翼尖航行灯、频闪灯（如有）、外侧着陆灯、机身下部红色防撞灯、右航徽灯工作正常，确保其灯罩完好，并视情清洁。 （5）检查确认右翼放电刷（4个）在位、无损坏；目视检查确认飞机底部和目视所及的飞机顶部所有导航/通信系统的天线在位且状态良好		
8. 前货舱区域 （1）检查确认机组氧气释放指示片完好。 （2）检查确认随机备用滑油（BP TURBO OIL2197，MIL-PRF-23699）不少于4夸脱，液压油不少于1罐（1美制加仑）。注：1夸脱≈0.946升，1美制加仑≈3.78升。 （3）检查确认前货舱门及其封严条无损坏，货舱内部壁板和天花板无穿洞撕裂，接合处密封良好，确保安装网无损坏和丢失，其锁扣和安装亦无损坏和丢失。舱内无有害物质并清洁。 （4）检查确认前货舱内外照明灯工作正常，确保其灯罩完好，并视情清洁		
9. 左发动机区域 （1）检查确认左发动机进气整流罩、锥和包皮无损坏。 （2）用手转动风扇叶片，检查确认无损伤。 （3）检查确认接近面板和释压门状况良好，安装牢固。 （4）检查确认各余油管和包皮下部无油液漏出。 （5）检查确认反推、涡流发生器、排气尾锥和排气机支柱无损坏，可见的涡轮叶片无损坏、状况良好。 （6）检查确认左发动机吊架余油管无油液漏出。 （7）检查确认CSD滑油量，并按需要加油		
10. 右发动机区域： （1）检查确认右发动机进气整流罩、锥和包皮无损坏。 （2）用手转动风扇叶片，检查确认无损伤。 （3）检查确认接近面板和释压门状况良好，安装牢固。 （4）检查确认各余油管和包皮下部无油液漏出。 （5）检查确认反推、涡流发生器、排气尾锥和排气机支柱无损坏，可见的涡轮叶片无损坏、状况良好。 （6）检查确认右发动机吊架余油管无油液漏出。 （7）检查确认CSD滑油量，并按需要加油		

续表

工作步骤	工作者	检查者
11. 前起落架区域 （1）检查确认机头区域无损坏，前轮舱设备完好无渗漏。检查确认前起落架人工放下锁定标志完好并视情清洁。 （2）检查确认前起落架减震支柱无损坏和渗漏，减振支柱伸长量在正常范围内。 （3）用被 BMS3-32 TypeⅡ液压油润湿的杜邦纸清洁起落架减振支柱的外露表面并擦干净。 （4）检查确认轮胎、轮毂无损坏，轮胎的磨损在标准内。 （5）检查确认前起落架滑行灯和前轮舱照明灯工作正常，灯罩完好，并按需清洁		
12. 左起落架区域 （1）检查左主起落架和轮舱内各液压管路和部件，确认无漏油现象、无明显损伤。 （2）检查确认左主起落架减震支柱无损坏和渗漏，减振支柱伸长量在正常范围内。 （3）用被 BMS3-32 TypeⅡ液压油润湿的布清洁起落架减振支柱的外露表面并擦干净。 （4）视情清洁左主起落架放下锁定观察镜。检查确认主起落架放下锁定红色标线完好并视情清洁。 （5）检查确认左主起落架刹车片磨损指示销。如果刹车指示销与衬套参考面平齐或者低于参考面，则必须更换刹车组件。 （6）检查确认左主起落架轮胎、轮毂无损伤，轮胎磨损在标准内。 （7）检查 A 系统液压油箱油量，并按需加油		
13. 右起落架区域 （1）检查右主起落架和轮舱内各液压管路和部件，确认无漏油现象、无明显损伤。 （2）检查确认右主起落架减震支柱无损坏和渗漏，减振支柱伸长量在正常范围内。 （3）用被 BMS3-32 TypeⅡ液压油润湿的布清洁起落架减振支柱的外露表面并擦干净。 （4）视情清洁右主起落架放下锁定观察镜。检查确认主起落架放下锁定红色标线完好并视情清洁。 （5）检查确认刹车储压器压力正常。 （6）检查右主起落架刹车片磨损指示销。如果刹车指示销与衬套参考面平齐或者低于参考面，则必须更换刹车组件。 （7）检查确认右主起落架轮胎、轮毂无损伤，轮胎磨损在标准内。 （8）检查 B 系统液压油箱油量，并按需加油		
14. 若环境温度低于 5 ℉（ －15 ℃）时，要执行寒冷天气下除、防冰维护程序。是否执行除、防冰工作：是 □　　　　否 □		

续表

工作步骤	工作者	检查者
15. 驾驶舱区域 （1）目视检查驾驶舱内设备状态，确保所有电门、操作手柄和跳开关位置正常且清洁。 （2）操作测试发动机和 APU 火警过热探测系统，确保系统工作正常。 （3）操作测试备用电源系统，确保系统测试正常。 （4）操作检查音响警告组件，分别把左右油门杆推至起飞位，确保听到警告音响。 （5）操作检查并确保驾驶舱照明、应急照明和仪表面板照明和各系统指示灯正常。 （6）操作检查液压刹车蓄压器预充压力。 （7）按需补充备用灯泡。 （8）检查 P5 顶板上的机组氧气瓶压力指示不低于最低放行标准 温度：＿＿＿ ℃，压力：＿＿＿ PSI，可满足的驾驶舱使用人数：＿＿＿ 人。 注： 如果不满足该架飞机最大驾驶舱乘员使用人数的最低氧气压力标准，则需更换机组氧气瓶。 （9）清洁并目视检查确认风挡玻璃及其封胶状况正常。 （10）清洁前起落架人工放下锁定标志观察镜。 （11）目视检查应急设备在位且状态良好。检查确认手提灭火瓶压力指示在绿区。 （12）确保手提氧气瓶固定牢靠，充气接口有防尘盖，压力处于阴影区域，氧气面罩在位清洁。 （13）按照随机资料目录，检查确认单/随机资料等齐全完好在位。 （14）检查确认下列证书在位：电台执照、适航证、国籍登记证		
16. 货舱及客舱区域 （1）厕所检查： ① 确认废物箱灭火瓶固定牢固，没有释放。 ② 目视检查每个灭火瓶温度指示器状态良好。 ③ 检查厕所门无损坏，工作正常，装饰板/镜子等设备完好，洗手水龙头不漏水。 ④ 检查确认马桶盖铰链无损坏、冲水系统工作正常。 （2）目视检查并确保如下适航性标志/标牌没有丢失且清晰可读：国籍登记标牌。 （3）检查确认前登机门和前勤务门完好，滑梯气瓶压力指示在绿区。 （4）检查确认机上急救包位置安装正确，卫生防疫包在位，封印完好。检查急救包、卫生防疫包的有效期，如果剩余不足 7 天，需更换。 （5）目视检查主起落架观察窗的状况，并视情清洁。 （6）检查确认主货舱货运装载系统和主货舱内饰板无损坏和丢失，如果发现异常，按需修复		

续表

工作步骤	工作者	检查者
（7）目视检查确认应急设备在位，状态良好。 （8）检查确认机翼上表面的盖板、扰流板和涡流发生器无明显损伤。 （9）检查确认主货舱门液压系统无渗漏。按需操作主货舱门。主货舱门关好后，确认外部的锁上观察窗内的锁好标志在锁定位。 （10）目视检查确认主货舱照明灯、舱门照明灯和舱门操纵面板完好。 （11）操作检查确认主货舱烟雾探测系统，确保工作正常。主货舱内的烟雾探测器口在位且情况良好。 （12）检查确认应急手电筒在位，确认 LED 每隔 3~6 s 闪烁 1 次。若 LED 暗亮或闪亮间隔超过 7 s，更换电池。 （13）检查前厨房烧水杯可用，固定牢靠。 （14）操作检查并确保下列机内应急照明灯正常：过道头顶灯、出口指示灯、出口标志灯、应急滑梯灯		
17. 恢复飞机到正常状态： （1）将前轮转弯卸压旁通活门恢复至正常位并拆下转弯锁销。 （2）移动控制杆到收上位，确保襟缝翼在完全收上位。 （3）确保卸去 A、B 和备用液压系统压力。 （4）给飞机断电（注：关断电瓶电门，把直流表电门放到 TR1 位）。 （5）绕飞机一周检查确认所有舱门盖板已经关好，机身及发动机下部无异常液体漏出		
三、操作结束后的检查和场地恢复 1. 清点、检查工具的状态和数量，并将工具归还至指定位置。 2. 清点、检查剩余的耗材，并将其归还至指定位置。 3. 检查、清理工作场地，确保工作场地中没有遗留任何多余物		
工卡结束		

参考文献

[1] 任仁良. 维修基本技能（ME、AV）[M]. 北京：清华大学出版社，2010.
[2] 代永朝，郑立胜. 飞机结构检修[M]. 北京：航空工业出版社，2006.
[3] 第一届全国技能大赛组委会. 第一届中华人民共和国技能大赛飞机维修项目技术工作文件，2020.
[4] 世界技能大赛组委会. 第44届世界技能大赛飞机维修项目技术文件，2018.
[5] 世界技能大赛组委会. 第45届世界技能大赛飞机维修项目技术文件，2020.
[6] 世界技能大赛组委会. 第46届世界技能大赛飞机维修项目（特别赛）文件说明，2022.